口絵1　富士山測候所、太郎坊ベース、および御殿場ベースの位置と山頂に電源を送る商用電源ケーブルのルート。電源は山頂の測候所だけでなく、山頂にある環境省公衆トイレと小山町が管理する須走口駐車場にも分電されています。

口絵２　夏期観測の様子を示す富士山測候所のジオラマ。（上）山頂の火口側からの眺め。夏期観測の資材を運ぶブルドーザー（ブル）が馬の背の急坂を登っています。階段の下には到着を待つ研究者らの姿も。１号庁舎には、今は撤去されているレーダードームが再現されています。（下）測候所施設の真上からの眺め。レーダードームを取り外し、１号庁舎の内部が見えるようにしています。（中山良夫作成）

口絵３　山岳における大気化学と物理のシンポジウム 2017（ACPM2017）の参加者。（第１部第２章、p36-38 参照）

口絵４　2007 年７月からカウントして 5000 人目となった米持真一会員を祝う本 NPO の理事と学生たち。（2019 年７月 25 日、鴨川仁撮影）

口絵５　山頂測候所前の光景。コロナ禍で２年ぶりとなった滞在研究で、下山する研究者たちを見送る岩崎洋山頂班長と田中暁山頂班員。（2021 年７月 21 日、加藤俊吾撮影）

口絵６　太郎坊ベースにて、ブルに荷物を積み込む研究者たち。（2021 年 7 月 21 日、加藤俊吾撮影）

口絵７　指先を用いた動脈血酸素飽和度（SpO_2）の測定。コロナ対策のためマスクを着用しています。（2021 年 8 月 30 日、加藤俊吾撮影）

口絵８　富士山測候所への最後の急坂の馬の背を上る研究者。上方には荷物を満載したブルも。夏期観測開始時の光景。（2021 年 8 月 30 日、加藤俊吾撮影）

口絵9　太郎坊で係留気球を上げる研究者たち。（第2部第5章、p186参照）

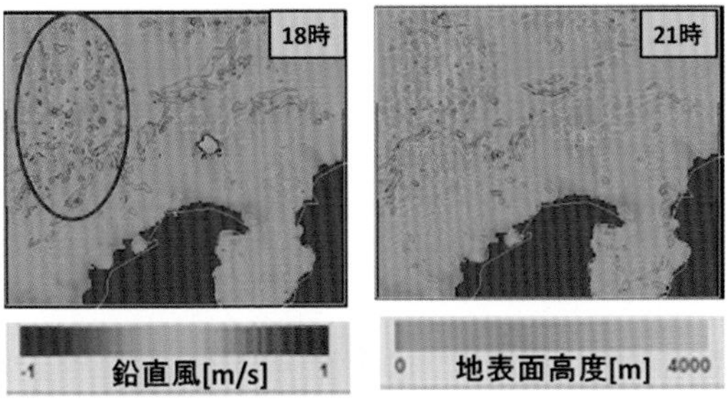

口絵10　山頂付近で観測された下降風。（第2部第5章、p191参照）

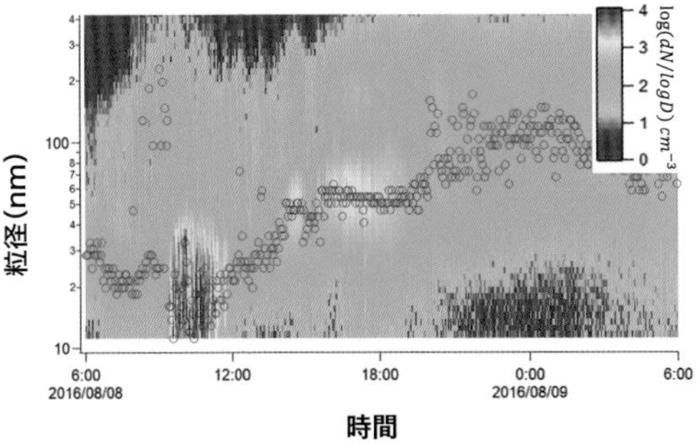

口絵11　モード径（○印）が80nmまで成長した粒径分布の例。（第2部第5章、p192参照）

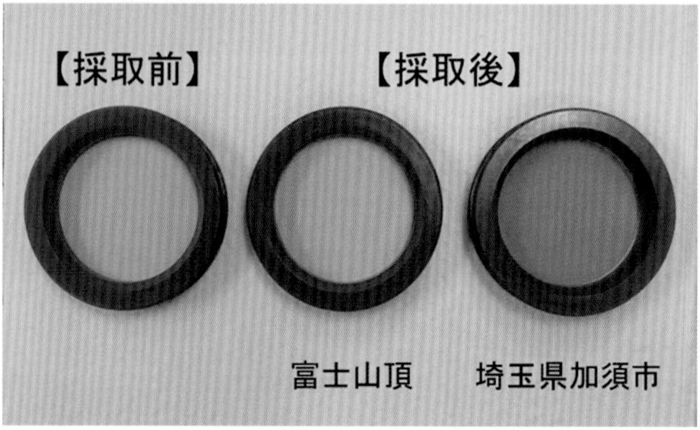

口絵 12　富士山頂で採取した $PM_{2.5}$（第 2 部第 1 章、p78 参照）

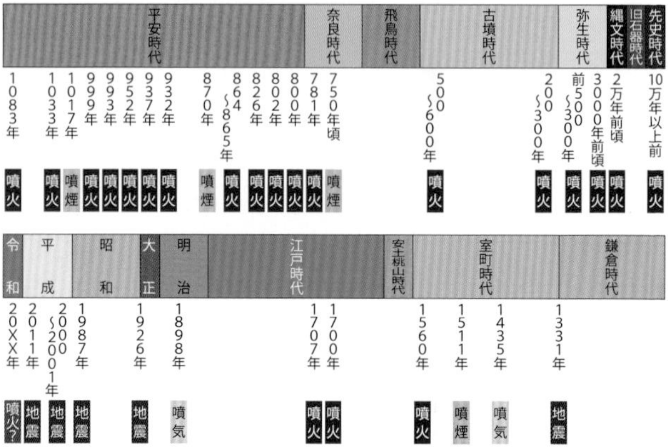

口絵 13　富士山の噴火記録。（第 1 部第 1 章、p6 参照）

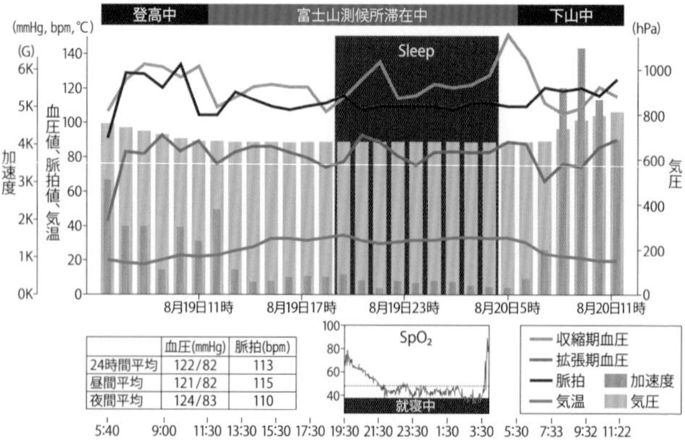

	血圧(mmHg)	脈拍(bpm)
24時間平均	122/82	113
昼間平均	121/82	115
夜間平均	124/83	110

口絵 14　登山中の血圧。（第 2 部第 3 章、p137 参照）

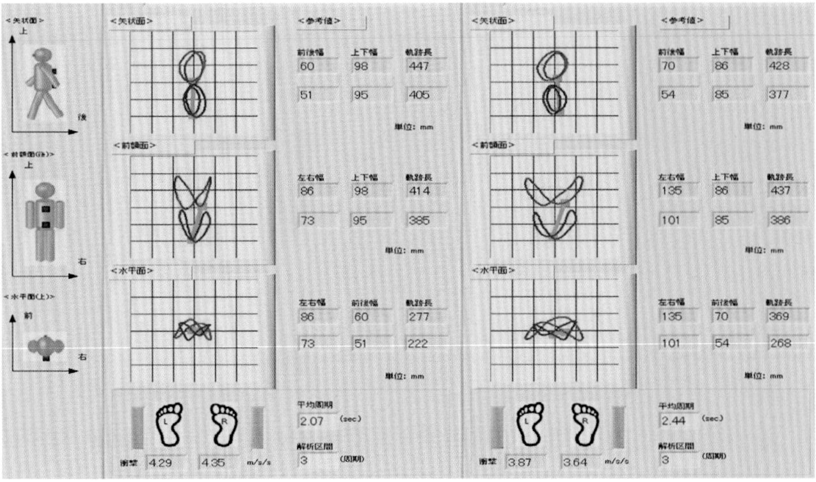

口絵 15　転倒しにくい歩行パターン。(第 2 部第 3 章、p148 参照)

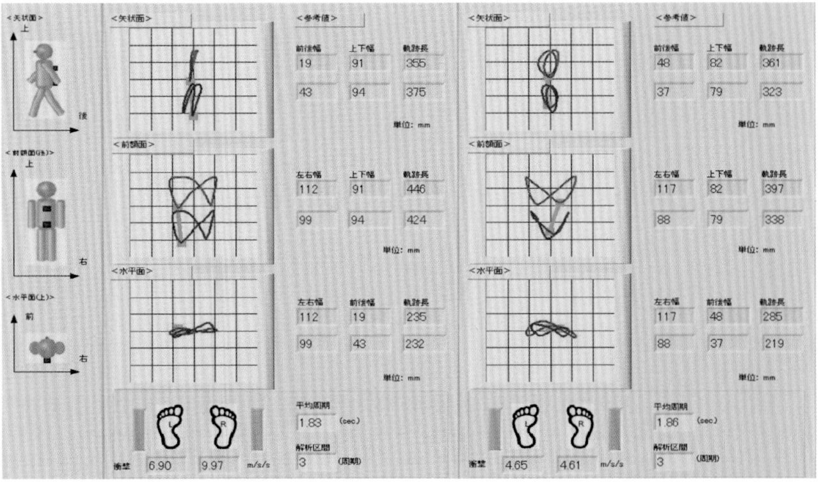

口絵 16　転倒しやすい歩行パターン。(第 2 部第 3 章、p148 参照)

口絵 17　火山性ガス測定装置を背負い、その測定データを配信しながら富士山の登山道を歩く東京都立大学の学生。（第 2 部第 1 章、p90 参照）

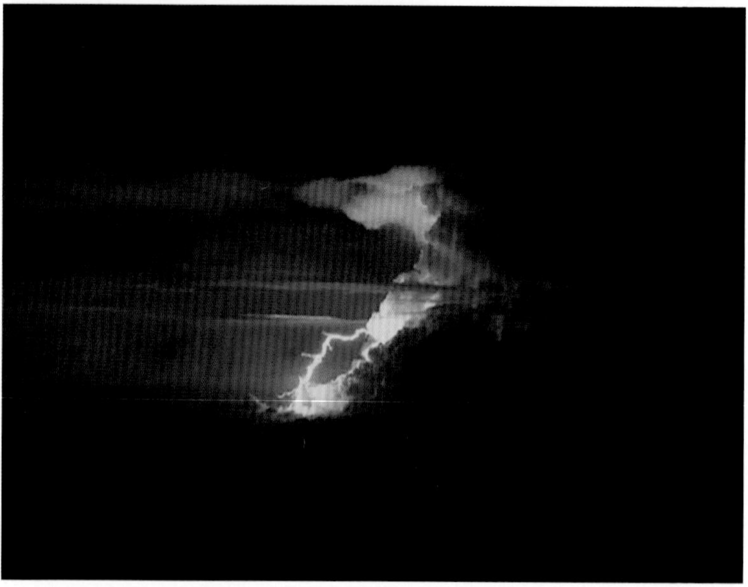

口絵 18　富士山頂で撮影した首都圏の落雷「青天の霹靂」。（第 2 部第 4 章、p160 参照）（2021 年 8 月 6 日 18:03、岩崎洋撮影）

富士山測候所のはなし
日本一高いところにある研究施設

佐々木一哉・片山　葉子
松田　千夏・土器屋由紀子　共編著

成山堂書店

はじめに

この本の出版計画が始まったのは、2020 年の秋です。『よみがえる富士山測候所 2005-2011』（土器屋由紀子・佐々木一哉編著）を上梓してから 10 年近くが過ぎ、富士山測候所を活用した研究が 15 年を迎える頃でした。この間の本 NPO の活動の書籍化をぼんやりと考えていたところ、成山堂書店から続編出版のご提案をいただいたのを契機に、改めて山頂の研究を見直してみる良い機会と捉えて本書の執筆を開始しました。

この 10 年間で、本 NPO も「NPO 法人」から「認定 NPO 法人」となることができました。「認定 NPO 法人」は「全 NPO 法人」のわずか 2% 以下（2016 年の認定時）であり、認定 NPO 法人化は会員やご寄付をくださった皆様のご支援のもと、適切な運営体制や活動内容などが評価されたおかげです。この間、富士山測候所を利用した研究も、大学や官民の研究機関の研究者により大きな成果をあげました。2017 年には、大気化学と物理学に関する山岳を利用した国際集会（ACPM2017）を本 NPO の実質的主催にて開催したことで、本 NPO の知名度と研究への貢献が国際的に認識されました。2019 年には、富士山環境研究センター（Laboratory for Environmental Research at Mount Fuji: LERMF）を設立して本 NPO 自体も積極的な自主研究を開始しました。

富士山測候所に対する一般の方の認識は、『よみがえる…』を出版した頃の「富士山測候所はレーダー観測が終わったことで役割を終え、無人化され廃墟となっている」というものから、「富士山頂では測候所を活用して多くの有益な研究活動が行われている」というものに大きく変わってきていると感じています。気象庁との間にも強い信頼関係を築くことができました。

気象庁との間で交わした「研究教育目的以外は利用しない（たとえ公共放送のためでも）」という契約を遵守して活動を続けたことで、当初は1期3年の更新であった借用契約が2013年の第3期契約からは1期を5年で契約できるようになり、長期間の活動計画を立てやすくなりました。現在は、近年のコロナ禍の影響による困難な時期も乗り越えて第4期5年契約の4年目を迎え、第5期の契約を視野に入れた活動を進めることができています。

研究分野も、2012年頃までは大気化学や物理学に比較的限定されていましたが、火山噴火予知や通信技術などといった一般の方にも注目されるものが加わり、多彩となってきました。また高所医学研究では、登山者をはじめとする高所で活動する人たちへの重要な知見を与え続けています。本NPOの理事としての自賛をお許しいただけるなら、これらは「新しいタイプの研究組織」の形を体現した本NPOならではの活動の成果であるといえるでしょう。

さて、本書は、『よみがえる…』と同様の二部構成としました。第一部では、改めて富士山そのものを知ってもらえるような事柄を記載しました。富士山がどのようにしてでき、火山としてはどのような特徴があるのかなどといった富士山を山として捉えた内容や、文化と芸術の対象として日本人が富士山をどのように捉えてきたのか？　などを記載しました。第二部では、本NPOが実施あるいは支援した研究の中から、読者の皆様に興味をもってもらえそうなものを厳選して紹介しました。

広く多くの皆様に読んでいただくことを目指し、できる限り平易な表現で記述したつもりです。著者はほとんど研究者であるため厳密な表現で原稿を書いてくださいましたが、中学生や高校生、ご家庭の皆様にも容易に読み進んでいただけるように、編集の段階で難しい内容をかみ砕いた表現に修正させてもらいました。そのため、大幅に内容を割愛・修正させていただいた個所もあります。厳密さが多少犠牲になっているかもしれません。しかし、これらの分野の知識として覚えていただくには問題がない記述とするように努めました。どこかで活用していただければ著者・編集者としてうれしく思います。また、間違った記載などにお気づきの際はご指摘いただければ幸いです。

第二部は、広い分野における先端的研究に関する原稿を多く集めるため、多数の専門家に分担執筆いただきました。そのため、本書の構想から出版まで2年近い時間がかかってしまいました。しかし、自信をもって推奨できる内容になったと自負しております。

本書作成においては、著者としてはお名前を記載しておりませんが、本NPOの元の事務局員である中山良夫氏、および、現在の事務局員である林真彦氏には図表の作成でお世話になりました。記して感謝申し上げます。

前書である『よみがえる…』は、富士山測候所の歴史的背景や我が国の気象予報への貢献およびNPO法人富士山測候所を活用する会の研究活動をまとめた書籍であり、富士山測候所および本測候所が現代において果たしている役割を紹介できたという意味では重要な役割を果たしたと自認しているものの、当時の販売数自体は多くはなく“儲かる本”とは言えませんでした。それにもかかわらず続編をご提案くださった株式会社成山堂書店小川典子社長および本書を企画提案くださった小野哲史氏には感謝申し上げます。

なお、本書が最終的には本NPOの事業として出版されることになったことを記しておきます。

2022年6月

編集者代表　佐々木一哉

目　次

第2部
富士山で調べていること

第1部
富士山だからできる研究

第１章　富士山とは

1．富士山ができた歴史、噴火の歴史

佐々木一哉

1.1　富士山は四層構造の円錐形火山

富士山は静岡県と山梨県にまたがる、日本で一番高い山です。富士山は、分類上は典型的な成層火山であり、ほぼ同じ場所からの噴火を繰り返すことによって火口周辺に溶岩流や火山砕屑岩（かざんさいせつがん）と呼ばれる噴出物が交互に堆積してできました。山頂付近が急な傾斜の円錐状である成層火山の典型的な形をしています。等高線をたどると、南北のすそ野が44km、東西のすそ野が38kmとわずかに南北に長いことがわかりますが、見た目にはほぼ完全に近いきれいな円錐形と言えるでしょう。富士山の周囲には山脈がないので麓まですそ野を見通せる美しい山です。

富士山が美しい円錐形となったのは、噴火により流出する溶岩の種類が特徴的だったからです。火山から流出するマグマは二酸化ケイ素の含有率によって分類され、二酸化ケイ素が53.5％以下は玄武岩、53.5％から70％までがデイサイト、70％以上が流紋岩です。二酸化ケイ素の含有率が低いほどマグマの粘度は低く、比較的早く流れる溶岩流となります。一方、二酸化ケイ素の含有率が高いほど粘度は高く粘り気が大きくなって溶岩ドームを作ったり火砕流噴火となったりします。現在の富士山ができるまでには多くの噴火があり、たくさんの溶岩が流出しましたが、そのほとんどが粘性の低い玄武岩だったため、溶岩ドームを作ったりせずきれいな円錐形となりました。日本の他の火山では安山岩やデイサイトがマグマの主流であ

るのに対し、なぜ富士山だけがほぼすべての噴火において玄武岩だったのかは謎です。富士山の一帯はユーラシアプレート、北アメリカプレートおよびフィリピン海プレートの三つのプレートが重なり合い、さらには東から太平洋プレートが沈み込みながらフィリピン海プレートと北アメリカプレートを押しているといった極めて珍しい地点であることと関連があるのかもしれません。

富士山は長年「小御岳、古富士、新富士」の三層構造と考えられてきましたが、2004年の東京大学地震研究所のボーリング調査によって小御岳の下に別の層があることが判明し、現在は四層構造であると考えられています。最も古い層は「先小御岳」と命名されています。先小御岳はこれから多くの研究による解明が期待されています。本章では、小御岳の形成以降について振り返りながら、現在の富士山ができるまでの歴

図1.1.1　日本周辺のプレートの位置

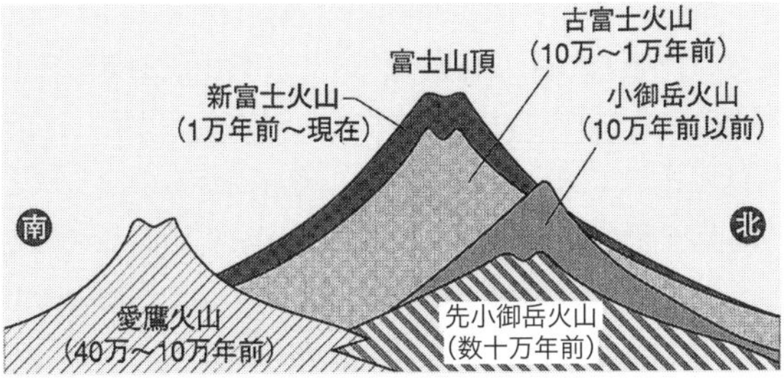

図1.1.2　四層構造の富士山

史を見てみましょう。

1.2　小御岳火山

小御岳火山は、従来は最も古く、富士山の「もと」と考えられていた山です。小御岳火山ができたのは今からおよそ50万年前から10万年前までの間です。この頃は、箱根山や愛鷹山（あしたかやま）などの、比較的近くの火山の活動も活発だった時代であり、人類学上は前期旧石器時代（約260万～約30万年前）の後半にあたります。日本では後期旧石器時代（約3万～約1万年前）の遺跡は多く確認されていますが、前期・中期旧石器時代の遺跡は少なく、日本にどのような人々が生活していたかも不明な時期です。小御岳火山は、最終的には標高2,400mまで成長しました。小御岳火山の一部は富士スバルラインの五合目終点である小御岳神社付近に露出した地層で見ることができます。

1.3　古富士火山

小御岳火山形成の後、その南斜面で大規模な噴火を繰り返してできたのが古富士火山です。噴火口は、現在の富士山の噴火口付近であるため、古富士火山はまさに現在ある富士山の小型版といったところです。標高はおよそ2,700mであったと推定されています。古富士山ができた頃の噴火の規模は大きく、火山灰や溶岩流が小御岳火山をも覆うことで一つの山になったと考えられます。古富士火山の火山灰は偏西風で関東まで運ばれ、箱根山からの火山灰とともに関東ローム層を形成しました。また、古富士火山の噴火時期は氷河期であったため、溶岩流が一帯の氷雪を溶かして泥流となり富士山周辺にある現在の地下水脈の原型を形成しました。

1.4　新富士火山

約 1 万 1,000 年前から 8,000 年前までの間の大規模噴火によって、現在の富士山である新富士がほぼ形成されました。つまり、おおよそ 3,000 年間で 1,000m も標高が高くなったことになります。このように富士山は、先小御岳の形成から数えてもわずか数十万年の短期間に急成長した火山であり、その点では世界でもまれな山だと言えます。特に直近の約 1 万年間での急激な標高の伸びは、富士山が火山としてはまだ非常に若い山であることを意味しています。

1.5　有史以来の富士山の噴火

富士山では、有史以来の噴火だけを数えても、17 ～ 18 回の大きな噴火が発生しました。記録として最も古いのは 781（天応元）年の噴火であり、「続日本紀」に記録されています。800（延暦 19）年には延暦の大噴火、864（貞観 6）年には有史以来最大の貞観の大噴火があったことが記録されています。貞観の大噴火は、864（貞観 6）年 6 月に寄生火山の一つである長尾山で発生した大噴火であり、大きな地震とともに火炎の高さが 60m から 70m にも達しました。噴火は 10 日間も継続し、火山弾は雨のように降り注いだとされています。このように、奈良時代から平安時代にあたるこの時期は、有史以来では最も富士山の噴火活動が激しかった時代です。富士山はその後の鎌倉時代から室町時代、さらには安土桃山時代には比較的活動が穏やかで白い噴煙を上げる程度でしたが、江戸時代に入り再び大きな噴火が起きました。1707（宝永 4）年の宝永の大噴火です。富士山の三大噴火に数えられるこの噴火は山麓に甚大な被害をもたらしたことが記録されています。これらの噴火はすべて、富士山中腹や山麓にある寄生火山の噴火であり、富士山本体の噴火ではありませんが、富士山自体がまだ活発な噴火の活動期にあるこ

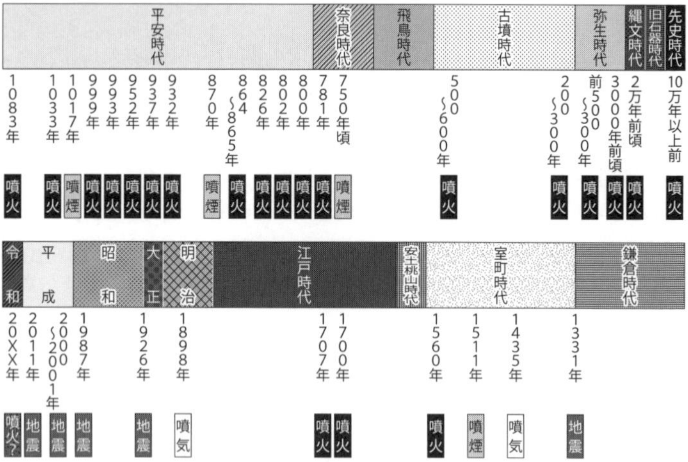

図 1.1.3　富士山の噴火記録

とを示しています。このような噴火の年表をたどると、1707年から本書籍を執筆している2022年までの315年間もの間、噴火が起きていないことが、少なくとも有史以来の富士山の歴史上非常にまれであることがわかります。300年以上噴火がなかったのは、1083年から1435年までの352年間という記録が一度あったのみであり、今回はそれに次ぐ長期間です。噴火の間隔からすればそろそろ大噴火が起きそうな時期になっていると言えるでしょう（第2部第7章参照）。

コラム　1　寄生火山

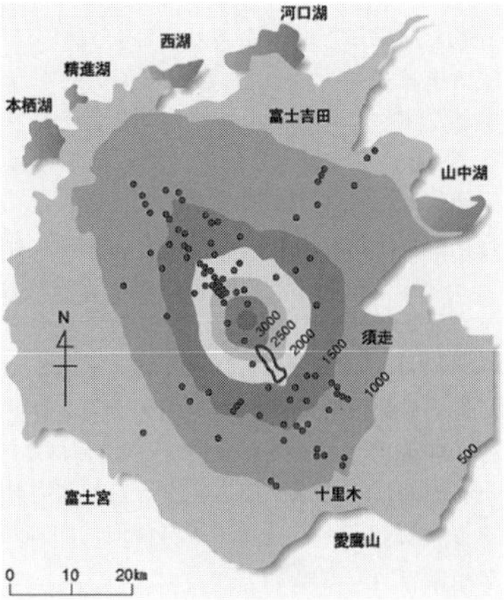

図 1.1.4　富士山の側火山分布図

寄生火山は側火山とも呼ばれ、大きな火山が形成される過程で山腹や山麓に生じる小さな火山のことです。富士山の最大の寄生火山は北北西山腹にある大室山です。およそ3,000年前の噴火でできたものと推定されています。最も新しい寄生火山は、南東の山腹に1707（宝永4）年の宝永の大噴火で形成された宝永山です。富士山には大小70以上の寄生火山があり、日本国内の火山の中でその数は最大です。富士山の寄生火山の多くは、富士山頂を挟んで北北西から南南東に向かう方角に線状に分布しています。富士山は、ユーラシアプレート、北アメリカプレート、およびフィリピン海プレートの三つのプレートが重なりフィリピン海プレートに押し上げられるような力を受けている地層の上に発生したことと関連があると考えられています。

佐々木一哉

コラム　2　青木ヶ原樹海

青木ヶ原樹海は富士山麓の北西に広がる、樹木が密に生えている一帯の通称です。富士山の噴火はこれまでに周囲に大きな影響を与えてきましたが、青木ヶ原樹海の発生も富士山の大噴火によって生じました。青木ヶ原樹海の広さは $30km^2$ あり、東京の山手線で囲まれたエリア（$63km^2$）のおよそ半分に相当します。標高は900mから1,300mであるため、植物の垂直分布では落葉広葉樹が発達する山地帯にあたりますが、実際には針葉樹が生えています。針葉樹林となっているのは、土壌が水分や養分の少ない溶岩質であるためです。このような土壌となったのは、富士山の864（貞観6）年の貞観の大噴火の影響によります。青木ヶ原樹海となったエリアは、大噴火で流れ出た溶岩流（青木ヶ原丸尾（まるび））が流出した上に、伏流水などの影響で数百年を要して樹木が密生しました。丸尾とは溶岩流を指す地元の方言です。大噴火によって1,000℃を超える高温の溶岩流で覆われた広大な土地には、はじめの数年間は樹木が生えませんでした。その後、砂礫と呼ばれる小さな小石状態に土壌が風化し、くぼんだ場所に雨水の水たまりができ、プランクトンなどが生息しはじめ、風で運ばれ貧栄養状態でも生長できる種子から植物が成育しました。その後、枯れ葉や鳥の糞などの分解により土壌の養分が増すとともに種々の動植物が生息するようになりました。動植物の生息開始までには大噴火から200年から300年の長い時間を要し、現在の樹海の様相を呈しはじめたのは14世紀になってからです。青木ヶ原樹海は、青木ヶ原丸尾を五合目より標高の高いところから眺めるとまるで海のように見え、平坦跡地に樹木が隙間なく生い茂っていることからつけられた通称です。

佐々木一哉

コラム　3　富士五湖

富士山の北側の山麓にある、本栖湖、精進湖、西湖、河口湖、および山中湖の五つの湖を富士五湖と呼びます。富士五湖も、富士山の噴火によって生まれました。もともとは「セの海」と呼ばれる大きな湖がありました。「セの海」が溶岩流により分断されて本栖湖、精進湖、および西湖の三つに分断されました。はじめに、800（延暦19）年の噴火による溶岩流が流れ込んだことで「セの海」から本栖湖が分離しました。さらに、864（貞観6）年の貞観の大噴火の溶岩流が、残った「セの海」に流れ込んで湖を二つに分断し、精進湖と西湖ができました。本栖湖は富士五湖の中で最も深く（約122m）、最も透明度が高い湖です。1,000円札の裏に描かれている「逆さ富士」は中ノ倉峠から本栖湖に映る姿を撮影したものをもとにしています。精進湖は富士五湖の中で最も小さい湖で、最大深度は約15mしかないため貯水量は0.0035km^{3}と、他の四つの湖より一桁から二桁も少ないです。そのため精進湖は栄養が豊富な

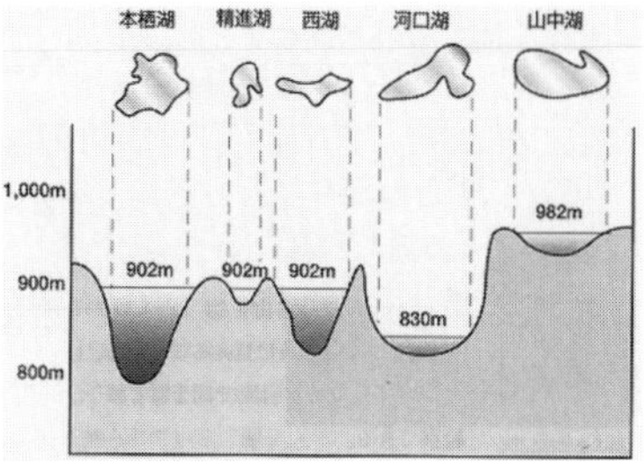

図 1.1.5　富士五湖の湖面の標高

水をたたえる湖で、プランクトンが多く、湖水も緑色を呈し、透明度は3m程度です。西湖は、面積は精進湖に次いで2番目に小さいですが、最大深度が約72mと2番目に深い湖です。本栖湖、精進湖、および西湖の三つの湖は、深さや大きさの影響で水質は異なりますが、今でも地下水が行き来していると考えられています。実際、水面の海抜はいずれも約900mと等しく、降雨などによる水面の上下も連動していることが確認されています。河口湖もまた864（貞観6）年の貞観の大噴火の溶岩流によってできた湖です。溶岩流が「セの海」の排水河をせき止めたことで生まれました。そのため、標高は最も低い約830mにあります。本栖湖、精進湖、西湖、および河口湖は、自然の放水河川がない閉塞湖です。したがって、江戸時代の放水路建設が進むまでは、大雨のたびに増水による被害をもたらしていました。山中湖は、800（延暦19）年の延暦の大噴火により流出した溶岩流の一つである鷹丸尾が桂川をせき止めることで形成されました。山中湖は、富士五湖の中では最も面積が大きい湖です。こちらも「逆さ富士」の名所として有名です。標高が約980mと富士五湖の中では最も高く、水深が約13mと最も浅いため、厳寒期には全面結氷することもあります。

佐々木一哉

コラム　4　富士山の湧き水

富士山の周辺一帯には年間で20億トン以上の降水がありますが、山肌を流れる河川はほとんどありません。これは、富士の表層が新富士火山の噴出物である浸水性が高い玄武岩で覆われているために、雨水が地下に浸透するからです。地下に浸透した雨水は、新富士火山の下に存在する古富士山の表面にある浸水性が低い古富士泥流層に達すると、古富士泥流層の表面に沿って地中を流れ、すそ野で湧き水となります。湧き水は、忍野八海、富士五湖の湖底水、湧玉池、あるいは東洋一の湧き水量を誇る柿田川噴水群などとして噴流しています。

佐々木一哉

2. 日本人と富士山（霊峰富士山、美しい山、世界遺産、最も人気がある山）

佐々木一哉

富士山は世界で最も美しい円錐形の山の一つでしょう。雨の後で大気中の浮遊物がなく空気がきれいな日には、200km 離れた千葉県の銚子からでもすっきりと見ることができます。高層ビルが立ち並んだ東京都内でも多くの場所から富士山を見ることができます。つまり富士山は日本の中で最も多くの人が直に見ることができる山です。最も多くの日本人が一度は見たことがある山であり、最も多くの日本人が登山したことがある山です。あるいは、たとえ直接見たことがないとしても、ほとんどの日本人は富士山の形を思い浮かべることができるでしょう。多くの人が思い浮かべる富士山のイメージは同じで、冬に見られる山頂近くが白い、いわゆる「白い帽子をかぶった富士山」だと思います。絵心がない私でも山頂付近が白い三角形のような山を描けば、多くの人に富士山だと認識してもらえることでしょう。このように富士山は日本人にとっては特別に有名で特別に良く認識された山です。ちなみに、「白い帽子をかぶった富士山」は、遠方から冬季の富士山を眺めた際に頂付近だけが白い雪で覆われているように見えたものです。富士山の五合目にあたる標高 2,500m より高い部分は、高山帯と呼ばれる地帯に分類されます。高山帯では高木は生えません。また標高 3,000m 以上は上部高山帯に分類され、ほとんど植生はありません。高山帯より標高が高いところに積雪があると、遠方からもその積雪を見ることができます。これに対し、標高 2,500m 以下では樹木が生えるので、この樹木の高さ以上に積雪がなければ山肌が白く見えません。その結果、山頂付近だけの雪を見ることとなり、多くの人が思い浮かべる白い帽子をかぶった美しい山の構図となるのです。

現代においては、富士山は最も美しく高い山という認識が大勢でしょう。しかし、歴史的には違ったイメージをもたれていた時代もありました。781（天応元）年の有史以来の最初の噴火、800（延暦19）年の大噴火、864（貞観6）年の有史以来最大の大噴火と、大噴火が頻発していた奈良時代や平安時代（710～1185年）は、富士山は恐ろしい山と認識されていました。特に貞観の大噴火は被害が甚大であり、人々の恐怖心を抑えるために浅間神社が作られたほどです。しかし、鎌倉時代（1185～1333年）になると一変し、長らく白煙が出る程度の大人しい火山となりました。したがって、富士山のイメージは、奈良時代や平安時代と鎌倉時代以降とでは大きな違いがあったようです。鎌倉時代以降は長らく大きな噴火がなかったため、室町時代や安土桃山時代（1336～1603年）には登山も頻繁に行われるようになりました。室町時代は、女人禁制の修験山（しゅげんざん）だったとされています。浅間神社で禊をした後に山頂にある三体の仏像に拝礼する様子が、富士山本宮浅間大社の資料に残されています。安土桃山時代には長谷川角行（はせがわかくぎょう）により富士講が開祖され、庶民に富士山信仰が浸透していきました。戦国時代を経て江戸時代（1603～1868年）に入ると富士講はさらに隆盛を極めました。長谷川角行の弟子たちによる数多くの講が乱立し、富士山信仰がさらに広がりました。特に、1707（宝永4）年の宝永の大噴火は山麓に甚大な被害をもたらし、富士山を恐れることにより、富士講への信仰は深まりました。

このように日本人の自然観や日本文化に大きな影響を与えてきた富士山は、ユネスコ世界遺産委員会によって「富士山－信仰の対象と芸術の源泉」として2013年に世界文化遺産に登録されました。「信仰の対象」としての資産は、富士山に住まうと考えられる神仏への信仰を起源とし、火山と共生し、山麓の湧き水などに感謝し、富士登山や巡礼の形式と精神に継承される信仰を契機とする多様な文化的価値が認められました。「芸術の源泉」としての資産では、19世紀前半に富士山の浮世絵が多数描かれ、それらが西洋の数多くの芸術作品に多大な影響を与えたこと、および日本の文化を象徴する記号として広く海外に定着していることに関連しています。つまり、富士山は、顕著で普遍的意義をもつ芸術作品と深い関連性をもち、日本および日本の文化の象徴として記号化された意味をもつなど、類いまれなる山として、その価値が認められました。

コラム　5　富士山本宮浅間大社

浅間神社とは主に富士山に対する信仰（富士信仰 / 浅間信仰）の神社であり、富士山本宮浅間大社は全国の浅間神社の総本山です。富士山本宮浅間大社は、紀元前27年に垂仁天皇が富士山の噴火を憂い、「山足の地」に祀り山霊を鎮めたことが起源とされています。「山足の地」とは、特定場所の地名ではなく、祭祀を行った富士山麓の適所を意味すると考えられています。その後、富士山本宮浅間大社は806（大同元）年に坂上田村麿が平城天皇の勅命を奉じて現在の場所に壮大な社殿を造営し、山宮から遷座されました。現在の社殿は1604（慶長9）年に徳川家康によって造営されたものです。

佐々木一哉

コラム 6　富士講

富士講とは、富士山を信仰する農民・職人・商人で組織された講社（グループ）です。遠方からも仰ぎ見ることができる美しい山体と繰り返す噴火によって、古くから富士山は宗教的な感慨を抱く対象とされていました。その後、富士山は白煙を上げるだけで大きな噴火を起こさなくなった鎌倉時代以降（1185年～）は、山岳修行による超自然力の獲得と、その力を用いて呪術宗教的な活動を行うことを旨とする修験道（しゅげんどう）を中心に、富士山を直接仰ぎ見ることができる関東・東海地方に富士信仰が形成されるようになりました。このような時代に、長谷川角行（1541～1646年）が教義を整えた信徒組織が富士講です。その後、角行から数えて6代目を名乗る食行身禄（じきぎょうみろく、1670～1733年）が富士講身禄派を立ち上げ、江戸を中心に町人や農民に広まりました。富士登山の経験が豊富で人格者とされた「先達（せんだつ）」は、霊験（れいげん）を説いて信徒を集め、人々の代表者を引率して富士山を登拝しました。また、主な活動は、定期的に信者宅に集まり経典を唱和し、護摩を焚きながら呪文を唱える加持祈祷（かじきとう）を行うことでした。

図 1.1.6　瀬崎の富士塚(埼玉県草加市)

江戸時代には江戸八百八講と言われるほどに栄えました。富士山に登るには相当の日数と労力が必要であり、誰もが登ることができるわけではありませんでした。そこで、容易に富士山を拝めるようにするため、「富士塚」と呼ばれる富士山を模した塚も作られました。しかし、富士講は江戸時代の末期には幕府の弾圧を受けることになりました。明治以後は祭政一致の政治体制確立を目指した政府から公認され、1872（明治5）年に女性の富士登山解禁に伴う富士山周辺の開墾とともに富士登山が大衆に広がる中で、神道系宗教団体である教派神道として再生しました。1923（大正12）年の関東大震災以後は東京の講社は激減しました。戦後は、富士山登山自体がレジャーと認識されるなど気軽に富士登山をできるようになり、登山の動機を信仰に求めていた富士講は大きく衰退しました。現在でもいくつかの講が活動を続けており、巡礼する姿を見ることができます。

佐々木一哉

3. 富士山の山の形の特徴

佐々木一哉

3.1　細く高い富士山

富士山は、他の山並みとつながっていない単独峰であり、円錐形の先端である山頂付近が細いという特徴をもった山です。標高は日本で一番高いにもかかわらず、山体の体積は550km^{3}程度で、日本国内では9番目に過ぎません。標高が富士山の約3分の1（1,117m）の桜島（約500km^3）と大差がないことから、いかに富士山が細長くそびえたつ山なのかがわかります。葛飾北斎の描いた「赤富士」や「黒富士」の構図は、山頂が細くとがっている富士山の形の特徴をデフォルメしたものですが、科学研究への富士山の役割を理解する上ではこのイメージがちょうどよいでしょう。また、富士山は標高3,776mと日本一高い頂を有している山です。この標高は、次章以下で説明するように、「十分に高い」のです。

私たち日本人のほとんどが良く知っていて、多くの人にとっては見慣れた山である富士山は、このような形、高さ、および周囲に山並みがないという環境を有する点で、実は世界でも極めてまれな山なのです。そしてこの富士山がもつこのまれな特徴は、地球環境の監視と維持および自然界の疑問を解き明かす上でとても役に立っています。実際にどのように役立っているかについては、認定NPO法人富士山測候所を活用する会の支援によって行っている様々な科学研究を例として、本書の第 2 部で紹介します。

3.2　地球の大気

地球は、太陽系の惑星の一つで、太陽から 3 番目に近く、人類を含む多種多様な生命体が生存することを特徴とする惑星です。少なくとも現在（2022 年）において、人間が観測できる範囲の宇宙の中には、生命体の存在を確認できた天体は地球以外にはありません。生命の存在を可能にしている要因は、地表に水が存在し、地表付近に酸素を大量に含む大気が存在していることにあります。太陽からの距離や地球の大きさ（質量）などの条件が偶然にもちょうどよいバランスであることが、これらを可能にしています。

富士山が地球環境の監視と維持にとって、あるいは自然界の疑問を解き明かす上で重要な役割を担うことができるのは、地球の大気の構造やその流れに関連しています。大気とは惑星を取り巻いて存在している気体の層です。そして地球の大気は地球を取り巻いている空気の層であり、太陽の熱で温められて気体となった物質です。大気が宇宙に逃げていかずに地球の表面近傍に引き留められているのは、地球の重力によって引っ張られているからです。地表からある高さまでの大気が存在している範囲を「大気圏」と呼びます。一般的には、大気圏の外側の端が地球と宇宙の境界と定義されていますが、大気はある高さで急に消失するのではなく、高度を増すごとに徐々にその量を減らしていくので、大気圏の厚さをきっちりと定義することは難しいです。大気圏は、地表に近いところから順に「対流圏」、「成層圏」、「中間圏」、「熱圏」の四つの層に分けられます。「熱圏」の外は「外気圏」と呼ばれ、この層に達した気体は地球の重力を振り切って宇宙に流出します。「熱圏」と「外気圏」の境界は高度約 10,000km なので、大気圏を地球の重力が大気を引き止められる限界までと定義するならば、その厚さは約10,000kmになります。しかし、スペースシャトルが飛行していた高度や国際宇宙ステーションが飛行している高度である400kmよりやや高い、高度500kmまでを大気圏とすることがあります。また一般的には、国際航空連盟やアメリカ航空宇宙局（NASA）の定義と同様に、気体がほとんどなくなる高度100kmのカーマン・ラインまでが大気圏とされることがあります。100kmはオーロラが発生し始める高度です。ただし、地球の生態系に影響を与える環境として注目すべきは、対流圏および成層圏の下層部分までです。

コラム　7　「対流圏」、「成層圏」、「中間圏」、および「熱圏」

「対流圏」､「成層圏」､「中間圏」､および「熱圏」では､大気の温度､密度､および流れの速さが大きく異なります。温度は、対流圏では高度とともに約0.6℃/100mの割合で低下しますが、成層圏では高度とともに上昇し、中間圏では再び高度とともに低下します。その後、熱圏では、その名の通り、高度とともに急激に温度が上昇し、350km以上の高度では730℃（約1,000K）にも達します（図1.1.7参照）。大気の密度は高度とともに低下します。対流圏から中間圏まではほぼ一定の割合で急激に低下し、熱圏では低下の割合は小さくなります。大気の流れが問題となるのは、比較的大気の密度が高い対流圏から成層圏の最下層領域までです。成層圏の最下層領域にはジェット気流と呼ばれる高速な大気の流れがあります。旅客機が飛ぶ高度です。大気の組成は対流圏から中間圏まではほぼ同じであり､窒素が78.1%､酸素が21.0%､アルゴンが0.9%です。この他に、天候によって水蒸気（湿度）が加わります。

佐々木一哉

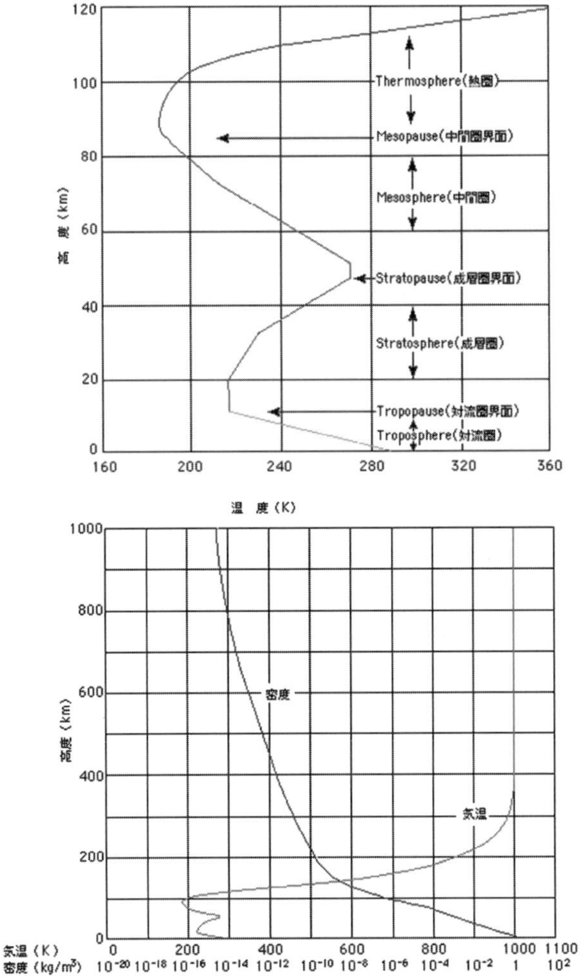

図 1.1.7　温度の高度分布と大気層の区分

出典：理科年表 CD-ROM2004（丸善）

コラム 8　オーロラ

地球に到着した太陽風と呼ばれるプラズマ（荷電粒子）は、地球磁場によりいったんは「プラズマシート」と呼ばれる領域にたまります。このプラズマシート中のプラズマは、何らかのきっかけがあると磁力線に沿って加速されて地球の大気へ降下します。約130kmから90kmの高度でも、非常に希薄ですが酸素ガスや窒素ガスなどは存在します。これらの希薄なガスなどが、プラズマのエネルギーを吸収するとエネルギーを過剰に取り込んだ不安定な状態（励起状態）となります。しかし、不安定な状態のガスなどは、プラズマを吸収して取り込んだ過剰なエネルギーを放出して再度エネルギーの小さな安定状態（基底状態）に戻ります。このエネルギーは光として放出され、オーロラとして観測されます。

佐々木一哉

3.3　自由対流圏にある富士山頂

大気圏の四つの区分の最も下の大気層は対流圏と呼ばれます。対流圏の厚さは緯度により大きく異なり、赤道近辺は約17km、極地（南極と北極）付近では約9km、日本が位置する中緯度帯ではその中間で約11kmです。この差は、地球の自転による遠心力によって赤道近辺の大気中の気体が上空まで広がることによって生じています。中緯度帯の対流圏は、2km強の高度を境界として性質の異なる二つの領域に分かれます。富士山の山頂からは雲海と呼ばれる層積雲や積雲が一面に広がる光景を眼下に眺めることが多くありますが、この雲海ができる高度が約2kmの境界付近に相当します。つまり、富士山の山頂は、これらの二つの領域の境界の上方約1.5kmに存在しています。富士山は山頂付近の断面が小さい、いわゆる先端がとがった形状をしており、対流圏の上の層（自由対流圏）にこのとがった山頂を突き出したのと似た状態を作っていると言えます。

対流圏の二つの層の境界より下は大気境界層、その上は自由対流圏と呼ばれます。大気境界層は、地表面と大気の流れの摩擦や地表面から放出された物質の影響を大きく受けます。影響は大気の温度や組成の変化として顕著に観察されます。これに対し自由対流圏は、地表からの直接的影響はわずかです。したがって、自由対流圏の大気は「自由大気」と呼ばれ、基本的には地表の生命活動による影響を受けないきれいな空気です。汚染物質を観測する際のベースとなる大気という意味からバックグラウンド大気とも呼ばれます。しかし、地表で発生した大気汚染物質は、大型低気圧や夏季の地表面の高温化による強い上昇気流によって自由対流圏に運ばれることがあります。ひとたび大気汚染物質が自由対流圏まで上昇すると、その大気汚染物質は分解されにくいため、長時間その形態を維持します。また、中緯度帯の自由対流圏では偏西風が吹いています。したがって、自由対流圏に移送された大気汚染物質は、偏西風に乗って西から東に向かって地球表面に全体に広がります。すなわち、地球のどこかで大量に大気汚染物質を発生することは、自由対流圏の大気を使って西から東に向かって地球全体を汚染することと同意です。このような国境を越えるグローバルな大気汚染を越境大気汚染と呼びます。原因となる物質は越境大気汚染物質と呼ばれます。

自由対流圏内の越境大気汚染物質の種類や量を継続的に測定し、越境大気汚染の発生状況を把握することは極めて大切です。普通、自由対流圏を移送される大気汚染物質は気球や飛行機などを用いなければ採取できません。これには大きなコストがかかります。その上、気球や飛行機を飛ばしたそのときだけの採取しかできないので、時間変化、季節変化、年ごとの変化を把握することはできません。そこで、世界では標高の高い山に観測所を設け、継続的な観測が行われています。ただし、山体の中腹にぶつかった気流は、山体の表面に沿って山頂まで運ばれることがあります。したがって、山の観測所での観測では、山体表面を伝って山麓や中腹から運ばれる汚染物質と自由対流圏を移動する越境大気汚染物質との判断が難しいという問題があります。ところが、山頂付近の表面積が小さい富士山では、山体表面に吹き付ける低層の気流が山体表面に沿って上昇することはあまり多くありません。つまり、富士山の山頂は、自由対流圏に突出したとがった形状をしているため、山麓や中腹から運ばれる越境汚染物質はあまり多くありません。また、富士山が世界の人口が密集し、多くの人為的活動により大気汚染物質を排出している中緯度帯に存在していることも重要な意味をもちます。そのため、自由対流圏に突出した富士山の山頂は世界的に見ても最も優れた観測環境だと言えます。

3.4　日本一標高が高い富士山頂

ヒトの多くは、標高 2,500m 以上の高所では頭痛、嘔吐、倦怠感、めまい、ふらつき、あるいは睡眠障害などの体調異常が生じます。極めて標高が高い高所登山では事故につながることもあります。標高が高くなるにつれ気圧が低下することと、それに伴う血中酸素濃度の低下がその原因とされていますが、そのメカニズムをしっかり解明することは大切です。また、安全に高所登山するには高所順応トレーニングが必要です。一般的に、標高 4,000m が高所順応トレーニングの適地だと言われています。富士山頂の標高 3,776m は、4,000m にはわずかに届きませんが、高所順応トレーニング地としては悪くありません。少なくとも、日本国内では最適な場所です。

高度が高いところでは紫外線や多くの宇宙放射線を浴びます。また、高高度では多くの雷が発生し、雷雲からは高エネルギー放射線が発生します。高い標高にある富士山の山頂は、これらの放射線の観測地点としても最適です。また、多くの雷が発生することを利用すれば、雷の発生メカニズムや雷の性質を詳しく知るための研究場所としても最適です。

　これらの、富士山の山頂の標高が高いことを活用した研究についても、本書の第 2 部で詳しく紹介します。読み進めていただけば富士山の山頂で行っている研究の内容とその価値を具体的に理解いただけるでしょう。

第2章　富士山測候所で研究すると何ができるか？

1．高所医学・生理学から見た高所科学研究所の必要性

山本正嘉・井出里香

1.1　高度と身体

高度が上がると気圧が下がります。富士山頂（3,776m）では、下界（0m）と比べて気圧は3分の2ほどになります。下界からもっていったお菓子の袋が富士山頂ではパンパンに膨らんでいたり、山頂で飲んで空になったペットボトルが下界に来るとひしゃげていることなどから、この圧力差を実感することができます。

気圧が下がると、それに比例して空気中の酸素の量も減ります。私たちがこのような低酸素環境に行くと、少ない酸素をなんとか体内に取り込み、身体の隅々にまで運搬しようとして、呼吸の量が増え、心拍数も上がります。

登山とは自分の体重を上にもち上げていく運動です。身近な低山に登ってもつらいと思う人は多いでしょう。富士登山の場合、このような運動を低酸素環境下で何時間も行います。しかも標高が高くなるほど酸素は少なくなります。大衆登山の代表のような富士山ですが、そのイメージとは裏腹に、実際にはとても大変な運動をしなければならないのです。

筆者（山本）は小学生時代に、富士山レーダーの建設を描いた『富士山頂』（新田次郎原作）という映画を見て、感動したことを覚えています（図1.2.1）。富士山頂の剣ヶ峰にレーダー棟を建設するため、短い夏の期間のみを使って2年間で突貫工事をしなければな

らなかった苦労が描かれています。様々なシーンの中でも、酸素の少ない山頂で激しい労働をする人たちのつらそうな姿は、とりわけ印象に残っています。

本項では、富士山における低酸素と身体との関係について紹介します。自分が富士山に登るつもりで読んでみてください。

図 1.2.1　『富士山頂』の映画のポスター
原作者の新田次郎は、作家となる以前は気象庁の測器課長として、富士山レーダーの開発を指揮した。1970 年に公開された映画では、石原裕次郎、勝新太郎、渡哲也などが好演している。

1.2　高山病

酸素が少ないと、運動がつらくなるだけではありません。体内が酸素欠乏状態になるため、健康な人でも高山病（正式には急性高山病：AMS）を発症する可能性があります。高山病とは頭痛を主症状とし、それに吐き気、倦怠感、めまいなどが加わることもよくあります。この頭痛というのは、簡単に言うと体内の水分のバランスが崩れ、脳が腫れることによって起こる痛みです。

高山病は、年齢、性別、そして体力のあるなしにかかわらず、誰にでも起こりうるのが特徴です。むしろ、若くて体力のある男性ほど、激しく動き過ぎてしまうことが原因で、高山病にかかりやすいとも言えるほどです。高度を下げればすぐに治るのですが、多くの人は我慢して登り続けるでしょう。高山病に見舞われると、せっかくの楽しい登山が台無しになってしまいます。

図1.2.2は、高山病との関わりから、高度を分類したものです。標高1,500mまでは低所に属しますが、それ以上になると1,000m刻みで、準高所、高所、高高所というように高度の段階が上がり、身体への負担度も増すのです。高山病が目立って多くなるのは、高度2,500m以上の「高所」と呼ばれる領域からです。

高所医学の立場から言うと、低酸素環境に身体を慣らす（順応させる）ためには、1日に1段階ずつ高度の段階を上げていくのが鉄則です。つまり、無理のない富士登山をするためには、1日目は準高所（五合目など）、2日目には高所（八合目など）で泊まり、3日目に高高所である山頂に到達するような行程を組むことが必要なのです。

しかし現実には、このような原則を守って登山をしている人はほとんどいません。多くの人は五合目（2,300m）まで車で一気に上がり、そこからすぐに歩き始めて1日目に八合目（3,000m付近）

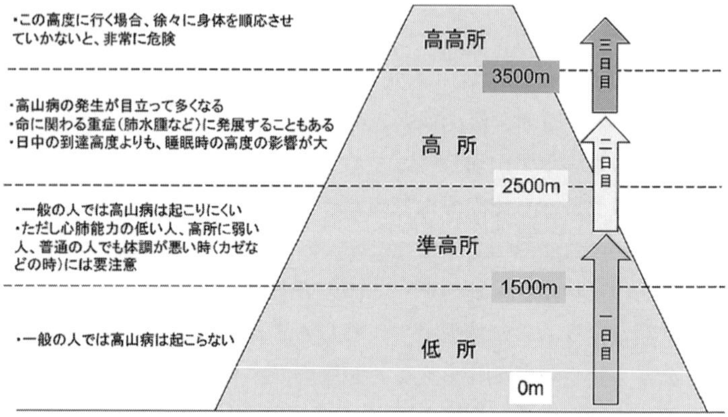

図1.2.2　高度の分類[1)]

一般的には2,500mが高所と定義され、この領域では誰にでも高山病が起こりうる。ただし個人差も大きく、1,500～2,500mの準高所で高山病が起こる人もいる。

くらいまでは登ってしまいます。つまり低地から１日で、準高所を飛びこえて高所の領域に到達していることになります。これでは高山病にかかる人がたくさん出てしまうのも当然なのです。

夜行日帰りで頂上を極めて帰ってくるという、いわゆる弾丸登山をする人も少なくありません。しかしこの図を見れば、それが無茶なやり方であることがわかるでしょう。富士山が世界文化遺産に登録されて以来、国内だけではなく海外からの登山者も増えていますが、富士山で起こる遭難を見ると、高山病が関係するものが半数を占めています。

1.3　安全な富士登山のために

多くの人は時間の余裕に乏しいので、3 日がかりで富士登山をすることは難しいでしょう。しかし、低酸素に身体を順応させることを意識しながら、できる限り安全な登山ができるような工夫をしたいものです。詳しくは参考文献[1)]に譲りますが、次の点に配慮すれば身体はだいぶ楽になるでしょう。

例えば、準高所の領域（五〜六合目付近）で１泊すれば、低酸素環境に順応する時間を作れることに加え、行程も 2 日間に分割できるので楽になります。また車で五合目に上がった場合には、1 時間くらいはそこで休憩してから歩き出せば、身体の順応はその分だけ進みます。歩く速度は、低山での登山よりもかなりゆっくりにします。具体的には、1 時間あたりの上昇率で 250 〜 300m/h くらいが適当です。これにより、運動の強度が下がって楽になるとともに、身体が高所に順応する時間もより多く確保できます。

また、酸素が少ない環境では呼吸を上手に行うことが大切です。そのコツは「深くゆっくり」で、腹式呼吸と呼ばれる方法が最適です。これはお腹をゆっくり凹ませたり膨らませたりするような呼吸の仕方です。下界でも、呼吸不全の患者さんが日常生活の質を上げるために指導されるやり方ですが、酸素不足の高所環境でもこれが役立つのです。ただし誰でも知っている深呼吸でもよいでしょう。

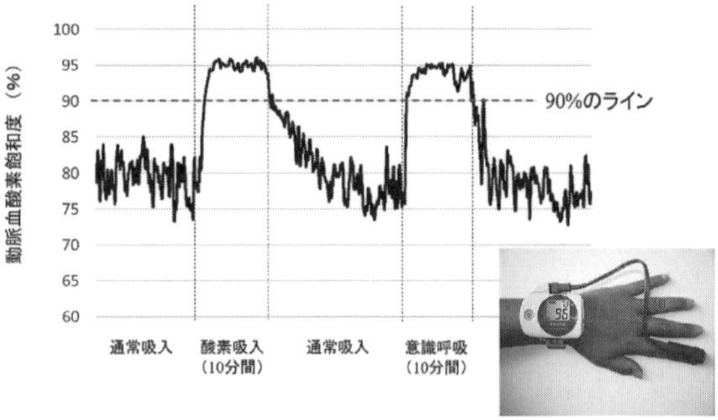

図 1.2.3　酸素吸入と意識呼吸が酸素欠乏を改善する効果[1]
低酸素室の中で、通常呼吸の合間に酸素吸入と腹式呼吸を行ったときの体内の酸素量の変化。パルスオキシメーターを使って動脈血酸素飽和度（SpO_2）を測ると、どちらも下界並みの値（95%）まで上昇していることがわかる。

図 1.2.3 は、4,000m の高度を再現した低酸素室の中で、筆者が通常の呼吸をしているときと、酸素のスプレー缶を使って酸素吸入をしたとき、そして腹式呼吸（意識呼吸）をしたときの、体内の酸素の量（動脈血酸素飽和度：SpO_2）の変化を調べた実験です。通常の呼吸をしていると SpO_2 は 80％前後まで低下してしまいますが、酸素補給をすれば下界並みの 95％付近まで上昇します。

また、腹式呼吸や深呼吸といった意識呼吸をすることでも同じ効果があります。酸素スプレー缶は数分で使い切ってしまいますが、意識呼吸をすればいつでも SpO_2 を上昇させられるのです。富士登山でも同じことが当てはまります。意識呼吸を上手に使って、体内を下界並みの値に保つことができれば、登山も楽になり、高山病も発症しにくくなります。

表 1.2.1　高山病の程度を判定するレイクルイーズ AMS スコア[2)]

「頭痛」の症状があり、かつ４種類の症状の合計点が３点以上であれば高山病と判定する。

頭痛	0 1 2 3	まったくない 軽度 中程度 激しい頭痛
胃腸症状	0 1 2 3	食欲良好 食欲がない、吐き気がある かなり吐き気がある、嘔吐 耐えられないほどの吐き気と嘔吐
疲労・脱力	0 1 2 3	まったくない 少し感じる かなり感じる 耐えられないほど感じる
めまい・ふらつき	0 1 2 3	まったくない 少し感じる かなり感じる 耐えられないほど感じる

表 1.2.1 は、高山病かどうかを自分でチェックする診断表です。「レイクルイーズ AMS スコア」と呼ばれ、世界共通で使われています。頭痛、胃腸症状、疲労・脱力、めまい・ふらつきの４項目について、０点から３点までの数値で、それぞれの程度を自己評価します。そして「頭痛の症状がある状態で、４項目の合計点が３点以上」の場合に高山病であると診断します。富士登山の際には自分で使ってみるとよいでしょう。

1.4　高所医学・生理学から見た富士山の意義

高度と身体との関係について、富士登山に当てはめながら紹介してきました。一夏で 20 万人を超えるという一般の登山者はもちろんのこと、彼らの安全を守る登山ガイド、山小屋に泊まり込みではたらく人たち、また筆者たちのように山頂で調査研究をする人も含めて、身体の安全を守るためには低酸素に関する知識と、それをふまえた対策が必要です。そして、これらの問題を研究する上で、富士山測候所は大切な存在です。

医学の面からは、富士山に登る一般登山者の健康管理について、以下のような研究が必要です。例えば、急性高山病の増悪因子となる睡眠時無呼吸症候群（睡眠時に呼吸が浅くなる、あるいは止まることが繰り返される症状）との関連性や、登山中の滑落・転倒の要因についての検証、また行動中の血圧や心拍数に及ぼす影響などについてです。前述のように、富士山では無理な登り方をしている人が多いので、登山事故を減らすためにもこのような研究は不可欠です。

また、富士山で多い事故に心臓突然死があります。登山時には心臓に大きな負荷がかかりますが、富士山ではそれを低酸素環境の中で、長時間行わなければなりません。このような状況で、どうすれば心臓をはじめ身体の様々な器官への負担を最小限に抑えながら行動できるのかを研究することが必要です。そして、その研究成果をもとに安全登山のための実地教育ができるという価値もあります。

スポーツ科学の視点でいえば、様々な競技スポーツのアスリートが高所トレーニングの場として活用できる可能性があります。またヒマラヤやアンデスなど、4,000m を超える海外の高所に出かける登山者やトレッカーにとって、うってつけのトレーニング場となります[3)]。富士山は 4,000m に近い高さをもっているので、事前にそのような高所環境を体験したり、順応しておくことも可能なのです。これについては第2部第3章をご覧ください。

1.5　おわりに

富士山に次いで、日本で２番目に高い山は南アルプスの白峰山（北岳：3,193m）、３番目は北アルプスの穂高岳（3,190m）です。その高度はいずれも、図1.2.2によれば「高所」の領域にとどまります。一方で富士山は、日本で唯一「高高所」の領域をもった山です。言い換えると、高所と人体との関係について、様々な段階を設定して研究ができる貴重な山なのです。この「自然の低酸素実験室および高所トレーニング場」を活用することで、私たちの身体の仕組みやその可能性をさらに明らかにしていけるでしょう。

2. グローバルネットワークの構築に向けて　土器屋由紀子

2.1　世界の高所山岳科学研究所

2.1.1　はじめに

東アジアの中で、特に中緯度地帯は経済活動の盛んな地域です。日本の本州のほぼ真ん中に独立峰としてそびえる富士山は、日本列島がユーラシア大陸東部近くに位置していることもあり、ユーラシア大陸東部からの影響を色濃く映し出す観測データを得ることができます。言い換えると、地球の現状を精確に知る上で、富士山は大きな価値を宿す巨大な観測タワーなのです。世界を見渡してみると、欧州、アメリカ大陸、オセアニアなど、いくつもの地域の山岳に“今の地球環境”を知るための観測施設が設営され、互いに観測データを共有し緊密な連携を構築してきました。その結果、国際的にも評価される重要な情報を提供してきています。本NPOの活動拠点である富士山測候所は、アジアの主要地域の上空をカバーする観測地点として、その機能を発揮しているのです。

2.1.2　世界の高所山岳研究所の歴史

＊なぜ高所山岳研究所？　気球との違いは？

第1章の大気の温度構造の説明にもありましたが、地球の大きさと比べて大気は極めて薄い層です。その大気層の中で日々の気象現象が起きていることがわかったのは、つい最近の19世紀です。それは、どのような観測でわかったのでしょうか？

この節では上空の大気研究の歴史と、その中で山岳が果たした役割を考えてみましょう。

観測の手段として、まず使われたのが気球でした。18世紀にモンゴルフェ兄弟（Joseph-Michel Montgolfier, Jacques-Étienne Montgolfier）らによって発明され、その後改良が加えられた熱気球や係留気球を用いた研究は、上空への関心を呼び起こしました。20世紀になってライト兄弟（Wilbur Wright, Orville Wright）による飛行機が実用化されるまでは、気球が上空大気観測の唯一の手段でした。

フランス人テースラン・ド・ボール（Leon Philippe Teisserenc de Bort）が気球観測や天文観測などを経て、成層圏の存在を明らかにしたのは1902年[1)]ですが、高層気象への関心が19世紀から広まり、その観測地点として山岳に注目が集まり始めました。

一方、登山が信仰や修行の対象だけでなく、広く探検やスポーツ、自然科学の対象となったのも19世紀以降です。高所へ行くにしたがって、低温、低気圧になることが経験的に知られていても、大気の存在と結びつけて考えられるようになったのは20世紀になってからです。

気球や航空機による観測は、地表の影響を受けることなく、高層大気そのものの観測が可能ですが、これらの方法は非常に経費がかかります。また、同じ地点で、連続的に観測するのには向いていません。それに比べると、山岳の観測地点では、地に足をつけているので、連続した大気の観測が可能です。ただし、山谷風など地面からの種々の影響を無視できない部分もあります。両者を上手く利用して相補うことが高層大気の研究には必要です。

＊山岳大気観測はいつ始まった？　欧米と日本の歴史

前述のように、山岳を拠点とする高所科学研究は19世紀以降、世界的にスタートしています。観天望気でも知られる「天気は上空から変わる」という知見は、19世紀末に富士山で初めての越冬観測に挑戦した野中至の著書[2)]にも見られます。1882～1883年には、欧米11か国が参加して、気象、地磁気、オーロラ観測に焦点を当てたInternational Polar Year（IPY）が行われました。19世紀末は、高層気象への関心が高まっていた時期でした[1)]。

また、当時不治の病だった結核の治療のために、山岳地帯に多くのサナトリウムが建設されました。1883年にドイツ人医師が保養地を設け、1888年にはサナトリウムがオープンしたスイス東部のアローザ（Arosa：1,860m）は当時アルプスのリゾート地として、近隣のダボス（Davos）とともに知られていました。休養に加えて、太陽光が健康に良いという考えから、後の1921年にはLight Climatic Observatory（LCO）が設立され、ゲッツ（F.W. Paul Goetz）の全気柱オゾン観測法[注1]の確立へとつながります。その結果、アローザでは、オゾン濃度の100年以上にわたる世界最長観測記録が報告されています[3,4)]。

イタリアとスイスの国境に位置するモンテローザ（Monte Rosa）山頂（4,559m）のCapanna Regina Margherita（CRM、「マルガリータ女王の小屋」という意味）は、1893年に登山家でもあったサボイ国マルガリータ女王が後援し、登山者の健康を守る目的で設立した研究施設でした。その後、20世紀後半になり、ヨーロッパ全体で酸性雨被害など大気汚染が顕著になると、大気観測の拠点としても活躍し、ネフェッティ鞍部（Colle Gneffeti）の氷柱[注2]硫酸イオン濃度の変遷などのデータが得られています[5,6]。

ヨーロッパ以外の観測地点としては、南米のエル・ミスチー（El Misti：5,842m）、北米のワシントン山（Mt. Washington：1,917m）、などが観測に使われたことが知られています[2]。日本では、1895年に野中至・千代子夫妻による富士山頂での82日間の冬季観測がはじめて行われましたが、これも、世界的な潮流の中にあったと言えます。

図 1.2.4　マルガリータ女王

注1　全気柱オゾンの観測：紫外線を用いて、地上から大気圏の上までのオゾン総濃度を測定する方法。ゲッツとドブソンによって確立されました。

注2　ネフェッティ鞍部の氷柱：ヨーロッパ中緯度の山岳モンテローザのネフェッティ鞍部で採取された氷柱の硫酸イオン濃度から、1970年代に大気汚染が激しかったことが証明されています[7]。

野中至を全面的に支持支援した中央気象台予報課長（当時）の和田雄治は、1889年にフランス留学の経験があります。そのヨーロッパでの経験が野中に伝えられ、富士山頂に私費で小屋を建て通年気象観測を目指した野中の参考になったと思われます。1895年8月末に完成した小屋で、和田と野中がその年の10月からの富士山頂での越冬観測に向け

図 1.2.5　野中至・千代子[8]

(a) マウナロア観測所全景

(b) 南極観測所（ARO）とオーロラ

(c) グリーンランドの
GEOSummit 観測所

(d) ユングフラウヨッホ高所研究ステーション
（2021年4月）

図1.2.6　世界の山岳観測地点の例

表 1.2.2　世界の高所山岳観測所

大陸	国 / 地域	観測所名	緯度経度	高度	設立年
北アメリカ	米国、ハワイ州	マウナロア観測所	19.59N　155.58W	3397m	1951 年
	米国、カリフォルニア州	バークロフト ステーション	35.58N　118.24W	3800m	1950 年
	米国、コロラド州	ストーム ピーク ラボラトリー	40.45N　106.73W	3220m	1979 年
	米国、コロラド州	ニウォットリッジ	40.05N　105.59W	3475m	
	米国、オレゴン州	バチェラー山観測所	43.98N　121.69W	2700m	2004 年
南アメリカ	ボリビア	チャカルタヤ	16.2S　68.1W	5320m	1963 年
	アルゼンチン	ラクイアカ観測所	22.1S　65.60W	3459m	
	ペルー	マルカポマコチャ	11.40S　36.33W	4500m	
南極	南極点の東北東に約 500m	南極観測所	90S　24.80W	2837m	1957 年
ヨーロッパ	グリーンランド	サミット観測所	72.58N　38.48W	3209m	
	ドイツ	ツークスピッツエ ギッフェル	47.42N　10.98E	2950m	
	ドイツ	ツークスピッツエ シュニーフェレハウス	47.42N　10.98E	2650m	
	フランス	ピクドミディ	42.94N　10.14E	2877m	
	オーストリア	ゾンブリック気象観測所	47.05N　12.96E	3106m	1886 年
	ブルガリア	ムーサラ	42.10N　23.35E	2971m	
	スイス	ユングフラウヨッホ高所研究ステーション	46.55N　7.98E	3454m	1931 年
	スイス / イタリア	モンテローザ	45.55N　7.52E	4559m	
	イタリア	ローザ高原	45.93N　7.70E	3480m	
アフリカ	アルジェリア	アセルクレム	23.27N　5.63E		
	ケニア	ケニア山	006S　37.30E	3678m	
アジア	カザフスタン	アシー高原	43.25N　77.88E	2519m	
	ネパール	ネパールピラミッド観測所	27.96N　86.81E	5500m	1990 年
	中国	ワリガン山	36.28N　100.90E	3810m	
	中国	ラサ	29.40N　91.03E	3633m	
	台湾	鹿林山バックグランドステーション	23.51N　120.92E	2862m	2006 年
	インド	ハルン	37.78N　78.96E	4517m	
	日本	富山大学立山施設	36.3N　137.4E	2839m	1943 年
	日本	富士山環境研究センター（旧富士山測候所）	35.36N　138.73E	3776m	1932 年

1：R.C.Schnell、2021（私信）
2：WMO-GAW Home Page より、（一財）新技術振興渡辺記念会（受託研究成果報告書）2012
3：G.A.Haller、2021（私信）
4：D. Jaffe, 2017 Symposium on Atmospheric Chemistry and Physics at Mountain Sites（Proceeding）
5：Rose, C., et al., Atmospheric Chemistry and Physics, 17（2）, 1529–1541, 2017.
6：「富士山プロジェクト『山岳極地高所研究拠点』の実現に向けて、平成 18 年度科学研究費補助金（基盤 C 企画）成果報告書（2007）
7：P. Laj, 2008（私信）
8：N-H Lin , 2021（私信）
9：http://skyrad.sci.u-toyama.ac.jp/Tateyama/
10：P.Bärtch、Workshop “Let Mt. Fuji Weather station be alive”, March 5, 2006.

設立の経緯、運営など	観測項目、共同研究など	引用
米国気象庁測候所として4100mの山頂火口付近で、木造の測候所として発足、1956年に3396mに移転、1997年に成層圏研究の導入で新しいビルの建設が行われ研究スペースも3倍になった。NOAA、ハワイ大学が管理。現在、8名のスタッフが80km離れた町から通っている。	CO_2、CH_4 温室効果気体、CFCs、降水、エアロゾル、O_3 他微量気体、有機無機化学成分多数の観測。	
ホワイトマウンテンの標高3800mに建設。世界の政府機関や大学など53の研究機関と共同研究。オープンは6月1日-10月31日		2
1979年、米国・コロラド州立大学の人工降雪研究施設として始まり、1989年に砂漠研究所・大気科学部門の管轄に移行。3回の移行を経て1995年に現在の場所に。現在、砂漠研とユタ大学が管理。	雲と雪ミクロ物理学；水銀、野火の煙	3
	CFCs、N_2O、O_3、SF_6	
米国EPA、ワシントン大（シアトル）、ワシントン州立大など。	CO、O_3、NOx、NOy、エアロゾル吸収、散乱、Hg、Rn、^{7}Be	
気候は熱帯性であり、11月から4月が雨季、5月から10月が乾季。ボリビアのアンデス山脈の中にあり熱帯性の自由対流圏大気および最寄りの都市・La Pazとその周辺の境界層大気の影響を受ける。	エアロゾル	5
	O_3	
1957年の国際地球観測年（IGY）に設立。全米科学財団（NSF）は、研究者の滞在する大気研究観測所（ARO）と気球観測の施設（BIF）を建設。NOAA、2名のスタッフが通年勤務。	温室効果気体、CFCs、エアロゾル、降水の化学成分など72の異なる測定を行い、12のプログラムを実行。	1
1990年代グリーンランド氷床（海抜3200m）にグリーンランド環境観測所、北極圏の環境の通年の観測に、NSFとデンマークグリーンランド科学研究委員会が設立。1989年以降、大気と氷河学の多数の調査。	1990年代より、NSFの援助で温室効果ガスを中心に。2017年8月「サンプリングサイト」に格下げ。72種の測定、12のプログラムを実行。	
	O_3、CO_2、CH_4、CO、NO、NOx、NOy、SO_2、PAN、SF_6、NMHC	2
	O_3、CO_2、CH_4、CO、NO、NOx、NOy、SO_2、PAN、SF_6、NMHC	2
	CH_4、CO_2	2
19世紀に住んでいた金鉱のオペレーターが1886年に気象観測所を建設。ゾンブリックの気象観測所へのケーブルカーは1954年に完成。	CO、CO_2、NO、NOy、O_3	2
	エアロゾル（光散乱）	2
1931年、ユングフラウとメンヒを結ぶ稜線の鞍部（ヨッホ）に設立された。国際財団HFSJGが基幹施設の維持管理を行い、アルプスにおける世界的な研究環境を提供。国際財団が維持管理。通年、ユングフラウ鉄道とエレベーターでアクセス可。年間70万人の観光スポット。	天文と放射に関する観測で発足。環境気候研究・50件のプロジェクトで100項目以上の観測。WMO・GAWに参加。世界のネットワークのキーステーション。	6
	Colle Gneffeti 氷柱の化学成分	10
	CH_4、CO_2、O_3	2
	$^{13}CO_2$、$C^{18}O_2$、CH_4、CO、CO_2、H_2	2
	CO、O_3、$^{12}CO_2$、$C^{18}O_2$、CH_4、CO_2	2
	$^{13}CO_2$、$C^{18}O_2$、CH_4、CO、CO_2、H_2	2
ネパール・サガルマータ国立公園内、国際観測所Ev-K2-CNR、イタリア/フランスの研究者団体とネパール気象局の協力で1990年に設立。生物多様性、環境、気候、大気汚染、人間生理学などの研究。2016年閉所。		7
	O_3、CH_4、CO_2、$^{13}CO_2$、$C^{18}O_2$、CO、H_2、エアロゾル粒径分布、CN	2
	O_3	2
中部台湾のLulin山（鹿林山）の頂上に2006年開所。チベット台地のGAWステーションとハワイのマウナロア観測所の中間で、東南アジアの地域で重要地点。台湾環境省と国立中央大学が共同で運営。	降水化学、エアロゾル化学と物理学、CO、O_3、CO_2、CH_4、SO_2、水銀、大気放射と気象要素。国際協力は、ドイツ、日本、米国などと。	8
1943年に旧日本軍によって、高山帯の高層気象観測を目的として建てられ、1951年に富山大学に移管。2010年改修。富山大学付属施設。	雲・エアロゾル、気象・雪氷観測など。	9
1932年より気象庁・富士山測候所として2004年まで有人観測。2007年よりNPO法人富士山測候所を活用する会が気象庁から庁舎を借用、自主事業として研究観測を実施。研究者の滞在は夏期2か月限定。	CO_2、O_3、SO_2、H_2S（通年） CH_4、窒素酸化物、揮発性有機物、降水、霧、 エアロゾル化学、物理学、重金属、$PM_{2.5}$	本書

て、準備をしていたことが最近の調査でわかりました[8)]。

2.1.3　現在の世界の山岳研究所

前節では、山岳大気の観測の歴史の一部を示しましたが、それらがすべて現在も活動しているわけではありません。世界気象機関—全球大気監視計画（WMO-GAW）に属する世界の観測地点[9)]の中から標高2,500m以上の研究施設を表1.2.2および図1.2.8に示し、その中で、特に、本NPOと関係のある地点を詳しく書いてみます。

例えば、アメリカ合衆国のハワイ島にあるマウナロア（Mauna Loa）観測所（標高3,397m）は、南極大陸にある南極観測所とともに、1957年以来の観測によって、世界的な大気中二酸化炭素濃度の基準地点として、地球温暖化の予測に大きなはたらきをしています。

「Top of Europe（ヨーロッパの屋根）」と呼ばれるスイスのユングフラウヨッホ（Jungfraujoch）高所研究ステーション（標高3,454m）は1931年に設立されて以来、ヨーロッパの山岳大気研究の中心として活躍しています。アジア大陸の南の風下に位置する台湾の中央にあるルーリン山（鹿林山）バックグラウンドステーション（Luin Atmospheric Background Station：LABS）は、本NPOの富士山研究所（Mount Fuji Research Station：MFRS）とともに、ユニークな研究施設として、活躍しています。

2.1.4　山岳研究所の世界的なネットワーク

大気観測を行う研究機関のネットワーク作りは、19世紀に始まった地球観測に起点をもち、欧米を中心に何度か試みられてきました。その中には、1950年代の大気圏核実験に伴う放射性核種のモニタリング（第2部第6章参照）や1970年代の酸性雨による環境汚染がよく知られています。山岳のサイトが果たす役割は、一般的に広域の代表値として使えることや、汚染源から離れている積雪に蓄積された歴史的情報が得られるなどの特徴をもっています。

したがってこれまで見てきたような著名な山岳観測サイトが、いろいろな形で上記の世界的なネットワーク観測に関わってきています。そして、山岳サイトに特化した集まりが必要と感じられてきたのも必然でしょう。

山岳大気の化学・物理に関するシンポジウム（Symposium on Atmospheric Chemistry and Physics at Mountain Sites）（以下ACP[注3]）が2010年にスタートして、3～4年ごとに1回開催されるようになりました。

＊　第1回ACPは2010年にスイスのインターラーケンで行われました。主催者のスイス大気と気候研究所（IECETH）のスターヘリン（Johannes Stähelin）教授によると、ACPは「山岳域における大気の化学・物理を中心とした研究分野に携わる世界の研究者や技術者が参集し、大気中の物質による山岳域の汚染、山岳域での観測による地球環境の監視など、山岳を中心とした自然環境での大気に関する研究成果を紹介し、環境問題の解決の方針を探ること」を目的としています。

22か国から約100名の研究者が集まって開催されたシンポジウムには、日本からの参加者9名（うち本NPO関係者6名）が含まれ、活発な議論が行われました。この会議の最終日には、富士山測候所の観測維持に関する応援メッセージもスターヘリン教授から本NPOに届けられました。

＊　第2回目は、2014年に米国のコロラド州・スチームボートスプリングス（Steam Boat Springs）で、8月11日から15日に開催されました。日本からの出席者は3名（うち本NPOから2名）で

した。

このシンポジウムのハイライトは、ストームピーク研究所（Storm Peak Laboratory：SPL）見学でしたが会議の参加者は40名程度と前回に比べると半分以下で、アメリカ国内の学会に外国からの参加者が少し加わったという感じでした。講演は36件、うちアメリカ20件（カナダやグリーンランド、ポルトガルの山の観測を含む)、台湾5件、スイス、スペイン、日本各3件、カナダ2件でした。

最終日に行われた話し合いの結果、2017年の次の会議は日本プラス台湾で引き受けることになりました。

＊　第3回目は、2017年に日本の御殿場で行われました(ACPM2017)。畠山理事長（当時）を中心とした実行委員会が主催する第3回ACPM[注3]は、本NPOが実質的に仕切った会議となり、全体として成功裏に終了しました。参加者101名（うち学生21名)、講演75件（口頭41件、ポスター34件）で、講演の内容は多岐にわたり、口頭による講演の内訳は、山岳域の気体観測（7件)、山岳域のベースライン観測（5件)、山岳の惑星境界層および輸送モデル（5件)、山岳のエアロゾル観測（9件)、エアロゾルの光学的厚さとその他の性質（3件)、その他の山岳大気関連の研究（3件)、山岳域の霧/雲、降水および露の化学（9件）でした。

この回で、学生参加者に元気を与えるという意味で学生賞を導入しました。準備のための時間が短すぎたなど問題もありましたが、今後に向けて評価されてよい企画でした。次回はポーランドを中心に計画されていましたが、COVID-19のため、2022年6月現在、具体的な予定は届いていません。

2.1.5　山岳大気ネットワークの今後と富士山

ヨーロッパと北米に比べてアジア地域の観測地点はまばらであり、

ヨーロッパの 20 分の 1 の密度とも言われています。空間的にも欧米並みの情報を得るためには密な観測点が大切なので、今後新しい山岳研究施設の設立が望まれますが、現在重要な一角を担う富士山での観測維持は世界的にも期待されています。

山岳域における大気研究の歴史の長い欧米諸国には気候変動の検知や予測に関する様々な研究があり情報が蓄積されています。一方、アジア域の諸国には急激な経済発展に伴う大気汚染による健康影響などが深刻になっている現状があります。そのため、今後ますますアジアの観測拠点の重要性が増します。第 1 章でも述べたように、日本はそのような大気環境の研究にとって絶好の地理的状況にあります。ともに大陸風下の島にある台湾の LABS と富士山頂の MFRS が、情報を共有し共同して観測することの大切さを痛感しています。

図 1.2.7　LABS 全景と台中の山地

本 NPO が観測を始めて 2022 年で 16 年になりましたが、世界のいろいろな観測サイトと知り合い、そのネットワークから得られる情報の大切さを知ることができました。一方、それぞれの観測サイトは僻地でアクセスが危険なところも多く、その維持にかかる経費が大きいことから、それぞれの国の政治状況などに振り回されて、いろいろな問題があることもわかってきました。NOAA、MLO のシュネル博士（R.C. Schnell）からは、マウナロア観測所と南極観測所が維持されていることと、グリーンランド GEO Summit 観測所が業務を縮小したこと、LABS の林能軍教授からは、観測項目が少し増えていること、SPL のハラー博士（G.A. Haller）からは、

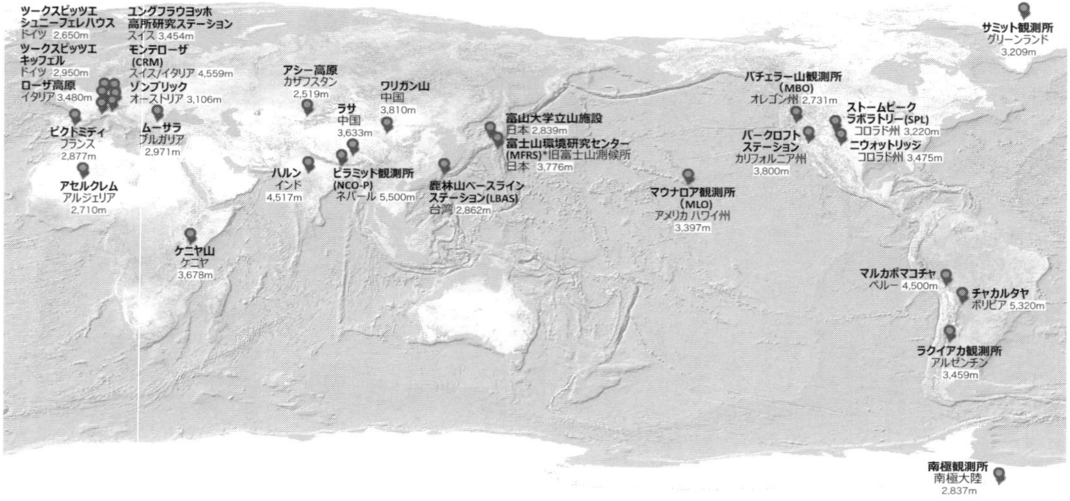

図 1.2.8　世界の高所山岳観測所

施設の維持にユタ大学が協力していることを知らされ、フランスのラジ博士（P. Laj）からは、イタリアとフランスの研究者がネパール気象庁の協力で、エベレストの登山ベースキャンプ地に立てたNCOピラミッド観測所は2016年で観測を終了せざるをえなかったという残念な情報が届いています。長期観測が重要な意味をもつ山岳観測ですが、地球の大気環境を守る山岳観測ネットワークの今後についても注目していくことが必要です。

注３　第１回、第２回は略語としてACPを用いましたが、この略語の集会が非常に多く紛らわしく、また山岳（Mountain）を強調するため、第３回のシンポジウムから本NPO三浦理事長（現在）の発案でMを加えて略語にACPMを使うことが承認されました。

2.2　富士山測候所で研究を行うために　　片山葉子

富士山測候所のある富士山頂は、穏やかな快晴の日であれば、お鉢回りを楽しみ、遠くの山並みを見渡すなど、日本一の高所を満喫できる場所です。しかし、ひとたび天候が悪化すると、下界では想像もできないほどの恐ろしい強風と、叩きつけるような降雨に遭遇します。高所環境に伴う低酸素や低温なども、登山者の身体に大きなストレスを与えます。このような過酷な状況であっても、山頂の測候所を利用して様々な活動を行う研究者らが、安全に作業を行えるようにすることは、本NPOの最も重要な使命です。円滑な活動をサポートするために、どのような取り組みが行われているのか、そのいくつかを紹介します。

2.2.1　電源の確保

山頂での最先端の機器を用いた精密測定に、電力の供給は必須の条件と言えます。本NPOは電源の確保を自前でしなければならず、それが大きな負担となっていますが、かつて富士山レーダーを動かすために麓から山頂まで設置された、総延長10.9kmもの送電線がまだ使える状態であるため、夏期観測の行われる2か月間だけは測候所でも商用電源を使うことができます。

夏期観測のために測候所を開所する最初の行事は、この送電線が無事であることを確認する通電作業です。一般の住宅であれば、ブレーカーを操作するだけでほぼ間違いなく電力の使用が可能となります。しかし、春先の富士山でしばしば発生する大規模な雪崩などの雪害や強風、落石、紫外線、ときには登山者や工事関係の人的な被害などによって送電線が劣化し、断線するなどの事例が発生します。麓付近では架空線と呼ばれる電柱を用いた送電線が設置されるのに対し、標高の高いところでは送電線全体を地下に埋めてしまう埋設線として強風や雪崩、着氷などの被害の軽減に努めています(口絵1)。埋設線の距離は7.1kmに及びます。厳しい環境にある富士山では、自然災害による被害を受けやすく、しばしば送電線も大きな損傷を受け山頂に電気を送ることができなくなります。2007年以来、本NPOが修理などを行った電線事故の概要を表1.2.3に示します。

もしも通電されないと判明したときは、どこで断線しているのか、その損傷箇所を丹念に探し出す必要があります。そして、損傷がわかった箇所まで必要な機材を運び、傷んだ送電線を交換します。その間、すべての作業はストップするだけでなく、電線の修理にかかる費用も莫大な額になるため、関係者は毎年の通電の瞬間を、固唾《かたず》を飲んで見守ります。無事通電すると、関係者には「通電成功！」の安堵を込めた一斉メールが送られます。

この送電線からは、山頂にある環境省山頂公衆トイレと小山町須走登山口へも電力が分けられています。

表 1.2.3　電気関係事故・工事などの実績

	年度	発生回復月日	事故状況	原因・対策処置
第1期	2007年	7月1日	環境省バイオトイレ分電開始	
	2008年	[知得]5/16 [補修]6/8～ [回復]7/3	送電線電柱 #58～#69(12本)が折損、電線切断 	[原因]【自然劣化】 [処置]気象庁の許可を得て、7月10日の使用開始直前までに緊急の復旧工事を実施
		[知得]7/03 [補修]8/20～9/12 [回復]9/12	7.8合ハット内屋根垂木が腐敗、折損しているのを発見	[原因]【自然劣化】 [処置]ハット内天井支持補修(屋根受け材を設置、単管パイプ・ジャッキにより持ち上げ)
	2009年	—	—	—
第2期	2010年	[補修]6/21～ [回復]7/12	#1電柱キュービクル開閉器焼損、#36電柱折損ほか	[原因]【自然現象(落雷)】
	2011年	[回復]7/7	送電線電柱 #70 架線切断	[原因]【自然現象(風雨)】風の揺動で架線が金属疲労 [処置]ジャンパー線で接続
	2012年	[発生]8/15 21:43 [回復]8/16 9:55	山頂12時間停電 夜間21時43分山頂電気が突然停電となり、翌朝、太郎坊ベースにある1号キュービクル遮断機を再投入して回復	[原因]【鳥獣接触】キュービクル内でネズミが回路に接触し地絡 [対策]小動物侵入防止のためキュービクルの扉を補強(翌年開所前に実施)
第3期	2013年	[発生]8/11 15:35 [回復]20：55	山頂5時間停電	[原因]【他社事故波及】 御殿場市内落雷による東電側停電
	2014年	7月10日	小山町電化使用開始(送電線電柱 #71 から須走口五合目駐車場、山小屋等へ分岐送電)	
		[知得]7/31 [回復]8/21	山頂銀明館付近で高圧埋設ケーブル損傷 約4mにわたり露出し、外部を覆っているポリエチレンが剥がれた状態で発見 	[原因]【作業者の過失】除雪作業等で重機による損傷 [対策]気象庁の許可を得てポリエチレン外皮を4mにわたり剥がし防止テープで補修し半割鋼管で保護
	2015年	[知得]6/24 [回復]7/8	山頂NTTハット - 馬の背ハット間で高圧埋設ケーブル損傷 開所前の事前点検で山頂から通電試験を行うも3相のうち1相が地絡状態であることが判明 	[原因]【作業者の過失】工事作業で重機による損傷 [対策]損傷箇所を特定し当該箇所を切断除去しケーブルをジョイント [影響]開所が1週間遅れとなる
	2016年	[知得]5/25 [回復]6/15-6/20	架空送電線電柱 #70号 - #71号間に大量の土砂堆積 架空送電線高が2.5m程度となり、入山者がステッキで届く危険なレベルとなっていることを発見 	[原因]【自然現象(雪崩)】雪解け水により大量の土砂が流された [対策]当該区間約8,000m^{3}の土砂を重機で整備し、5.5m高を確保
	2017年	[知得]2016/6/22 [回復]2017/6/22	2.8合ハット内部の支柱・梁の木材が折損・位置ズレ・腐食 	[原因]【自然劣化】湿気による腐食と土石流による衝撃 [対策]6/22ハット内天井部を単管パイプで押し上げる形で補強
	2018年	[知得]2017/4 [回復]2018/4/18	架空送電線全区間にわたり樹木が覆いかぶさり支障	[原因]【樹木接触】樹木の枝の伸長 [対策]当該区間の支障樹木を伐採処理
		[知得]2018/6/19 [回復]2018/8/10	馬の背ハット石積みの一部崩落 	[原因]【自然現象(雪崩)】土石流 [対策]山頂班が石を積み戻し
		[知得]2018/4/16 [回復]2018/5/11	架空送電線電柱 #70号 - #71号間に大量の土砂堆積 架空送電線高が2.1m程度となり、入山者が届く危険なレベルとなる（2年前と同事象） 	[原因]【自然現象(雪崩)】雪解け水により大量の土砂が流出 [対策]当該区間約12,000m^{3}の土砂を重機で整備し、5.3m高を確保(電気技術基準5m以上)

2.2.2　山頂での安全な作業のために

本NPOは山頂の測候所を年間を通して研究に利用していますが、研究者が測候所に滞在できるのは夏期の2か月間という限られた日数です。この期間をいかに有効に、そして安全に、山頂の施設を利用して成果を積み上げていくことができるか、その仕組み作りは本NPOの運営の根幹となる事業です。

図1.2.9　開所前に雪かきをする山頂班

富士山頂の過酷な環境によってもたらされる影響は様々ありますが、例えば、山頂利用者にとっては高山病の危険、観測機器にとっては雷による被害、そして測候所の建物にとっては人手の入らない冬季に特に進行する劣化などがあります。富士山の山頂でこれらの多くの難題に取り組むことができるのは、高所での活動に慣れた登山家から構成される山頂班の活躍、旧富士山測候所時代に気象庁所員として活躍してこられた方々からの貴重なアドバイス、高所医学を専門とする医師団との緊密な連携があるからです。さらに、荷物の運搬に携わるブルドーザーの存在、東京都内と御殿場市内に設けた事務所とのチームワークも、円滑な作業には欠かせません。2005年の本NPO設立以来、2019年7月には延べ5,000人を超える利用者を記録しましたが、無事故でこられたことは最大の喜ばしいことです。山頂測候所での研究活動とそれに伴う研究者の滞在において、蓄積されてきた知恵を最大限に活かした安全確保と、そのノウハウを的確に継承していくことは、本NPO

の重要な任務の一つであると言えます。

2.2.3　測候所の維持管理

山頂測候所の大部分はアルミ合金と鉄骨製の、頑丈で気密性の高い建物です。1974年に増築された測候所は、大陸からの強い偏西風に常にさらされ、荒天下では暴風雨に見舞われる極めて厳しい条件下にあります。その建物は、2004年の測候所の無人化以降、夏の2か月間以外は手入れをされることもなく放置されたままとなってしまいます。普通の家屋でも、人が常時居住しない家は傷みやすいと言われますが、山頂ではなおさらです。雨漏り対策などの塗装やその他の補修は、開所中に山頂班にお願いしている場合が多いです。

2.2.4　物資の輸送

登山の醍醐味は、麓からの登山道を踏みしめて、途中の景観も満喫しつつ高度を稼ぎ、山頂にたどり着くことです。一方、様々なデータを取得することが目的の夏期観測では、精密な観測機材を安全に測候所まで運び入れる必要があります。背中に背負って行けるような小型のものであれば問題はありませんが、大型の重い機器を自力で運び込むことは不可能です。また、山頂での生活に欠かせない食料や水などを運ぶ必要もあります。そこで活躍するのが、ブルドーザーを用いた運搬です。トラクターの前面部に、土砂を押しのけるためのブレードの代わりにバケットと呼ばれる土砂などを盛るアタッチメントを設け、そこに、運搬したい物を重量のバランスを考えながら乗せていきます。途中の振動で荷物が移動するのを防ぐためにきっちりと詰め込み、さらに霧雨などで濡れたりしないように防水シートをかぶせ、万全の準備を施して、山頂へ向けて出発します。このブルドーザーへの荷物の詰め込みは、山頂へ物資を運搬するための最も重要な作業のひとつで、積み込む量が多い場合など

図 1.2.10　ブルドーザーによる荷物等の輸送

は登山の前日に行います。当日の朝は、ブルドーザーは午前6時に太郎坊ベースを出発します。精密機器を運ぶ場合は関係する研究者もブルドーザーに同乗し、途中のトラブルに対応できるようにします。キャタピラのガタゴトする音とともに、約3時間かけて山頂を目指します。ブルドーザーを操縦するのは、元は馬で物資の運搬を担ってきた馬方で、その後ブルドーザーを利用するようになった気象庁の時代からこの作業に携わっているプロの協力業者で、富士山の運搬ならではの、厳しい面ももった交渉と信頼関係で行っています。

2.2.5　測候所利用プロジェクトの公募

測候所で行われる研究課題は、毎年公募により募り、審査を経て決められます。申請は本NPOのホームページを介して例年1月末頃までに行い、それらを本NPOの学術科学委員会と活用委員会の審査委員による審査後、その年の総会を経て正式に夏期観測課題として決定します。プロジェクトは大気環境、高所医学などの最先端の学術科学研究を行う研究計画と、学術研究以外の内容も含む活用計画の二つがあり、さらに初めて利用するグループに対するトライアル利用も設けられています。若手研究者の活躍を後押しするために、学生による申請も受け付けています。

夏期観測に参加した研究者は、翌年3月頃に開催される成果報告会で、口頭あるいはポスターによる成果報告を行います。このときには研究者が一堂に会し関連する内容について熱心な討論を繰り広げるとともに、市民の方々にもわかりやすい説明を行うように心がけることで、本 NPO の活動を広く知っていただくための大事な機会となっています。

2.2.6　安全第一！

過酷な環境下にある富士山で安全に滞在するには、登山と下山も含め徹底した安全対策が求められます。素人の研究者などがトラブルなく山頂で作業を完遂できるよう、本 NPO では「安全の手引き」を作成しています。「安全の手引き」には、登山計画、山頂での体調管理や作業の段取り、緊急時の対応など、必要な情報が網羅されており、毎年更新されたものが山頂利用者に配信されます。

その「安全の手引き」の手本としたのは、東京管区気象台による「富士山測候所安全対策要領」（1980 年）です。そして、この要領の土台となったと言われているのが山本三郎著の「登山者のための気象学」（1965 年）で[10]、2020 年に実施されたクラウドファンディングで縁ができた著者のご家族との新たな絆は、本 NPO ウェブサイトの 2021 年 6 月 19 日のブログに詳細が記されています。

新型コロナウイルス感染症は本 NPO の活動にも大きな影響を及ぼし、山頂での作業に向けた感染症対策の導入は重要な事柄となっています。2021 年度の夏期観測では新規グループの公募は見送り、山頂滞在人数も削減し、参加予定者は事前に健康チェックシートの提出義務づけを行うなど、万全の対策を講じました。

2.2.7　山頂、太郎坊、御殿場ライン

山頂での夏期観測だけではなく、太郎坊（標高約 1,300m）に設けた本 NPO の拠点（太郎坊ベース）、そして 2019 年度からは御殿場ベース（標高 446m）も加わり、3 地点においての観測ができるようになりました。太郎坊ベースと御殿場ベースは、山頂から南東

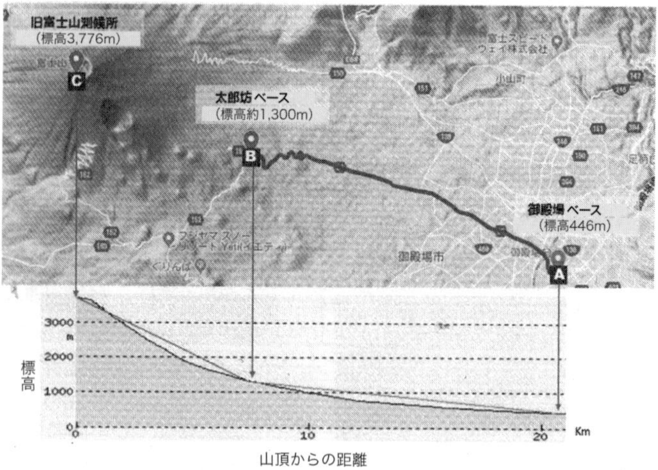

図 1.2.11　山頂・太郎坊ベース、御殿場ベース

方向の山麓に向かって、ほぼ一直線上の場所にあり、それぞれの標高は山頂から見ておよそ3分の1ずつの位置になります。

太郎坊は気象庁時代からのブルドーザーのベースですが、その一角を借りて早稲田大学、東京理科大学、山梨大学、静岡県立大学、東海大学などによる観測が実施されています。例年、御殿場市内に夏期観測に合わせてアパートを短期間借りていましたが、2019年からは御殿場市内の住宅街に2階建ての家を一軒借りて御殿場の事務所とするとともに、観測サイトとして開設しています。特に、2020年は新型コロナ感染症の拡大に伴い富士山頂での活動が行えなくなった代わりに、太郎坊と御殿場の2か所の観測サイトがそれを補う場所として利用され、降水の採取、粒子の測定、オゾンや一酸化炭素などのガス状汚染物質の測定、地磁気の観測が行われました。

山頂測候所での有人利用は夏の２か月間に限定されるのに対し、太郎坊ベースと御殿場ベースは年間を通して利用でき、通年観測サイトとしての本格的な運用が可能です。これからは、山頂測候所、太郎坊ベース、御殿場ベースの３地点を利用して、山頂、中腹、麓でのデータを得ることで、大気の動きをダイナミックに捉える、文字通り富士山すべてを観測タワーの足場とする研究が行えると期待されています。

コラム　9　山頂測候所：気象庁からの借用物件

本 NPO は気象庁・東京管区気象台と契約を交わし、山頂の旧測候所と電源などを借用しています。2022 年現在は第 4 期の借用期間中で、5 年間の契約（2018 年 9 月 11 日～ 2023 年 9 月 10 日）の 4 年目にあたります。借用の対象は建物と土地、工作物（電源ケーブルを含む）で、その利用条件は本 NPO の利用計画（研究・教育目的）を気象庁が承認したものに厳しく限定されています。また貸付中に「物件の安全性に問題があると認めたときは気象庁から修繕を求められ、本 NPO は自らの費用で行わなければならない」と決められています。

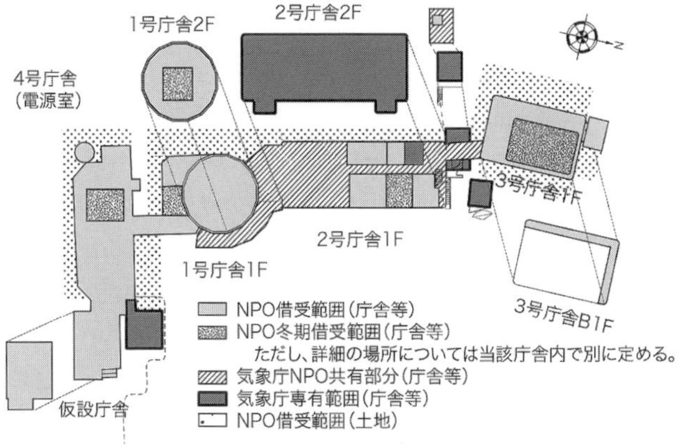

図 1.2.12　測候所の図面と借用部分 [11]

土器屋由紀子

第３章　現在の管理体制

1．本 NPO による管理

片山葉子

富士山測候所を本 NPO がどのように管理運営しているかについて、5 月から順に具体的に示します。

毎年 5 月になると、富士山の登山道と山頂の様子を点検するために、登山家による調査登山が行われます。これは毎年契約して夏期に測候所の集中管理をお願いしている「山頂班」のメンバーの中の 1、2 名によって行われます。ここで「山頂班」について説明しましょう。

富士山頂は夏でも氷点下になることもある極地です。登山者が多いので、簡単に登れる山と思われる方もいると思いますが、一つ間違えば真夏でも凍死者を出す可能性があります。また、富士山の火口（お鉢）への滑落など危険と隣合わせの地点でもあります。

富士山測候所で観測などを行う研究者は、ほとんどが登山については素人であり、これまでの 16 年間、測候所の利用者のおよそ 3 分の 1 が高山病になってしまいました。そのため、プロの登山家によるサポートが不可欠であり、7 月、8 月の利用期間中は山頂に 3 名の登山家が「山頂班」として常駐することになっています。そのリーダーの岩崎洋氏は、日本ヒマラヤ協会に所属する登山家です。気象庁の富士山測候所有人観測の時代には冬季観測の非常勤職員としても勤務した経験があり、測候所の建物を熟知しており、気象庁からの信用・信頼もあります。山頂班の構成メンバーはプロの登山家であり、8,000m 級の登山歴のある人も多く、研究者たちにとって強力なサポーターです。本 NPO は 10 名程度からなる「山頂班」と個人ベースで依託契約を結んでおり、そのメンバーを集めるのもリーダーの役割です。

5 月末にその年の研究を行う研究グループと山頂班の班長が集まって、キックオフミーティングを行います。初めて富士山測候所での夏期観測に参加するグループにとっては、登山準備、荷物の作り方、山頂での食事やトイレの使い方まで、知らないことばかりなので、毎年発行される「安全の手引き」は貴重な情報源です。さらに、安全を確保するために、常連のグループとの連携などがアレンジされます。このミーティングの参加者は毎年およそ 50 人規模で、半日以上の時間を割いて活発な話し合いを行い、夏の山頂での作業に備えます。2021 年はコロナ禍のため原則として、新しい研究は受け付けませんでした。キックオフミーティングもオンラインで行われましたが、それでも話し合いは 5 時間にも及びました。

6 月中旬になると、7 月 1 日の測候所の開所に向けて本格的な準備が始まります。東京事務所長が、理事たちと一緒に御殿場ベースへ行き、山頂班との契約を更新して夏の仕事が始まります。御殿場ベースは 2019 年より御殿場市内に設営されており、現在は通年観測も行うことができます。2018 年までは夏の 3 か月間だけアパートを借りてベース事務所にしていました。

準備作業は山頂班と電工会社が、ケーブルの点検、道路の除雪などを行い、ブルドーザーの開通に合わせて観測に必要な装置などを運び込みます。電気工事に関する資格保有者の大胡田智寿氏（元気象庁職員で、退職後本 NPO 会員）の立会いの下に通電テストを行います。何か問題があると開所が遅れることもあります。2015 年は埋設線が断線していて、1 週間遅れで開所しました。

7 月初旬に開所すると研究者たちが装置を運び込んで研究を開始

します。最近では、KDDI、ドコモ、ソフトバンクの通信関係の3社が年度最初の研究グループとして設営をスタートさせます。それに引き続き、7月後半まで雲や霧の発生が多いので、それらを観測する研究グループが7月半ばから設置作業を開始し、長期観測が始まります。いずれも御殿場ベースに宿泊して、ブルドーザーで研究機材を運びます。

前章でも述べましたが、ブルドーザー（ブル）について追加します。1964年の富士山レーダーの建設を機に、馬とボッカ（強力）による富士山の荷上げはブルに変わりました[1)]。気象庁時代のこのやり方を引きついだ本NPOにとっても、荷物の運搬は研究活動とも密接に関係しているため、言わば「仲間」として様々な状況についてブルの操縦者とは相談しながら行っています。もしも7月の初めに雪が多くブルが動けないと、本NPOの研究者がどんなに望んでも測候所の開所は難しく、また、山頂でのブルの活動には登山者に危険が及ばないように山頂班がサポートを行う必要があり、ブルと本NPOは毎日連絡を取り合い夏期観測を行います。ブル発着地である太郎坊ベースについては、前節の通りです。

測候所施設は宿泊施設ではないので、原則として研究のための「長期滞在」のみ許容されていますが、夜間の滞在は13名までと決められています。その理由は以下の通りです。3人の山頂班は電源と庁舎の安全管理を担当しますが、登山に関して素人の研究者たちは、山頂に来て初めて直面する低い酸素濃度（地上のおよそ3分の2、第2章1.参照）、低温、乾燥などで、前述のようにおよそ3人に1人が高山病の症状を呈して、中には重篤になる場合もあります。その場合は高所医学にも詳しい医師の指示を仰ぎつつ、投薬や酸素ボンベを使います。また、できるだけ早く気圧の高い低地へ移送する手配をします。その場合には、2人の山頂班が対応し1人が山頂に残る必要があり、最低３人の担当が必要なのです。

それでも、重篤者が２名以上出ると対応できないので、経験上13名という滞在者の上限が決められています。2021年度はコロナ禍のため、最大滞在人数は９名、３グループ（1グループ３名まで）以下に限定して活動を行いました。

開所後数日間は、装置の設置などで測候所内は目が回るような忙しさです。７月初めはまだ雪が残っており、その場合は除雪作業も加わります。雷の予報があると商用電源を切って発動発電機に切り替えます。そうなると、この間は大気化学の研究者たちは装置を止めるために、欠測となります。これは化石燃料を使用する発動発電機の排気ガスで、正確なデータが採れなくなってしまうためです。７月中旬以降になると、作業は落ち着いてきて一息つけるようになり、高所医学の研究者や、食品保蔵、教材開発などの研究者がスケジュールに沿って登ってきます。東京事務所はその間、毎日の登下山者の動向について連絡を受けたり、山頂への連絡をしたりで、気が抜けない日が続きます。

梅雨明けから10日程度は最も天候が安定する時期で登山者も多く、山頂は登山者で大変混雑します。この時期は測候所付近は早朝からご来光を見る人の列ができて、富士山測候所のドアをうっかり開けると数時間でトイレがパンクして研究どころではなくなるので、研究者たちは心を鬼にして鍵をかけて研究活動を続けます。しかし、人命にかかわるような場合は、助けなければならないのも山の鉄則です。2008年には、山頂付近で滑落して骨折した登山者を山頂班が救助し、無事御殿場の病院に収容した例など、人命救助も多いのです。山岳でのこのような緊急事態において、的確な判断のできるプロの登山家が山頂班には必要なのです。

山頂班は研究の合間に、老朽化し始めている庁舎の修理や雨漏り対策、また通年観測用機器に使用するバッテリーの充電なども行っています。コーキング、ペンキ塗りなども山頂班の仕事ですが、大気化学研究者が有機物を測定しているときはペンキ塗りを遠慮してもらっています。

お盆休みが終わると、山頂は早くも秋の気配です。観測研究を行う研究者たちの撤収の手配が始まります。この頃は台風も多い時期なので、ブルで運搬する荷物はできるだけまとめて降ろさなければなりません。8月最後の週に観測撤収が完了すると、その後は山頂班が、庁舎の修繕のためやり残したペンキ塗りなどを済ませ、後片付けをして、越冬時に稼働させる装置を点検し、商用電源を切断、気象庁の点検を受けたのちに、鍵をかけて閉所します。食料や水は原則としてひと夏で下しています。

山頂班が無事に下山すると、御殿場ベースの夏期観測体制は終了します。山頂で使った装置は東京事務所へ送り、通行証などを発行してもらった自衛隊富士山学校をはじめ、各所へあいさつ回りをしたのちに夏期観測は終了します。ここでは2019年までの方式を主に記しましたが、2020年は観測中止に追い込まれました。2022年の夏も2021年同様、万全の配慮の下に観測が計画されています。

2. 富士山環境研究センター

土器屋由紀子

本NPOは大気化学や高所医学などの分野を中心とする研究者が主体となって設立され、その活動の中心は会員・非会員にかかわらず、富士山頂を利用する研究者たちの研究支援を行うことでした。設立から10年以上が経過し、2017年には大気化学の国際的なシンポジウムである2017 Symposium on Atmospheric Chemistry and Physics at Mountain Sites（ACPM2017）を実質的に主催するまでに実力を蓄えることができたため、次なるステップとして、2019年に富士山環境研究センター（Laboratory for Environmental Research at Mount Fuji：LERMF）を立ち上げることにしました。その経緯と活動内容を示します。

LERMF 事業がカバーする分野は自然科学と人文社会科学を含み、広い意味での環境研究です。そして、既成の研究分野はもちろんのこと、分野横断的な挑戦的枠組みも今後積極的に加えていくことにしています。例として下記のような課題を考えています。

(1) 公開を目指した富士山観測データのアーカイブ化とその研究利用
(2) 国内外のシンポジウム、研究会の開催
(3) 国内および国際的ネットワーク形成

これまで公的機関からの援助を一切受けることなく運営されてきた本 NPO は法人としての事業を行うために、山頂測候所利用者の使用料、会員からの会費や寄付に加えて、企業や財団などが設けている様々な助成金に申請書を提出し、審査の後にその競争的資金を獲得するという方法で、財政を維持してきました。しかし、近年のこれらの助成金の事情などを考慮すると、これだけでは本 NPO の安定的な経営が困難になってきていました。そこで、従来の「総合運用事業」に加えて、過去に培った人脈やノウハウを利用して、「富士山環境研究センター事業」を立ち上げ、本 NPO の活動をこれらの 2 本の柱を基盤とするような組織改編と本 NPO の定款の改正を 2018 年 10 月に行いました。さらに、2019 年 1 月 5 日に、富士山環境研究センター長・畠山史郎（本 NPO 理事長併任）のもと、第一研究部を設置して、富士山環境研究センターがスタートしました。そして、2018 年度の実績をもとに、2019 年 4 月に文部科学省に「科学研究費補助金」に応募できる機関としての指定を申請したところ、2019 年 8 月 30 日付で、「科学研究費補助金取扱規程第 2

条第4項に規程する研究機関」の指定をめでたく受けることができ、機関番号92671を与えられました。これによって、これまでは企業や財団だけの助成金申請の枠が、公的機関、すなわち日本学術振興会にも拡大することになり、科学研究費助成事業への申請が可能となりました。

2021年4月には、規定を変更し、新しいポストとしてシニアリサーチフェローを設置し、2022年4月現在センター全体として常勤7名、非常勤3名のメンバーから構成される組織へと生まれ変わりました。

2021年度からは一般財団法人WNI気象文化創造センターの気象文化大賞など新しい研究費の獲得もあり、研究分野も広がりました。今後の発展をご期待ください（HP http://www.labfuji.com/）。

コラム　10　グローバルな大気の流れ

地球を包んでいる気体は大気と呼ばれ、その中の比較的高度の低い範囲の大気が空気と呼ばれます。大気の流れは風です。グローバルな大気の流れには、季節によって向きを変える季節風と一年中同じ向きに吹く恒常風とがあります。

季節風は、大陸と海洋の温度差によって生じる気圧の差を駆動力として吹く風です。大陸が暖まりやすく冷えやすいのに対し、海洋は暖まりにくく冷えにくい特徴があります。そのため、夏季には大陸上の空気の方が海洋上の空気よりも暖かくなるので、大陸上の空気は海洋上の空気より相対的に膨張し、上昇気流を生じることで空気の重さが減少します。空気の重さによって地表面が押されることで生じるのが気圧なので、空気の重さが減少した場所の気圧は低く（低気圧に）なります。空気は、気圧の高いところから低いところに流れるので、夏季には海洋から大陸へ季節風が吹きます。冬季はこれと逆に大陸から海洋に向かって風が吹きます。

恒常風は、南北の温度差を駆動力として吹く風です。恒常風の向きは南北の温度差に球形の地球が自転していることによる影響で決まります。低緯度（およそ北緯 30 度〜南緯 30 度の範囲）の海面や地表面の低高度で北東（北半球）や南東（南半球）から吹く風（偏東風）、中緯度（およそ北緯 35 〜 65 度と南緯 35 〜 65 度の範囲）の上空（高度は約 10km）で西から東に向かう風（偏西風）、および北極や南極を含む高緯度地域の海面や地表面の低高度で東側から吹く極東風が恒常風の代表です。それぞれについて以下に少し詳しく説明します。

偏東風は貿易風とも呼ばれます。北半球では北東から赤道に向かって吹き、南半球では南東から赤道に向かって吹いています。赤道付近は日射量が最大なため上昇気流が生じ、上空で南北に別れ極に向かって大気が流れます。この時、高緯度では低緯度よりも相対的な自転速度が小さいため、低緯度から真北（北半球）や真南（南半球）に向かって流れ出た大気は高緯度では自転方向の前方、つまり、より東側の位置に到達します。すなわち、北半球では北東、南半球では南東に向かって大気が流れている（風が吹いている）ことになります。この大気の流れは、北極や南極までは到達せずに、緯度 30 度付近で滞留して下降流となって海面や地表面に吹き下ります。海面や地表面に下降した大気は上昇気流が生じた元の場所に向かって戻るため、海面や地表面の大気は北半球で北東、南半球で南東から流れてきます（風が吹いてきます）。偏東風という名称は、海面や地表面での風の向きに由来しています。18 世紀以降の帆船による貿易もこの偏東風を活用していました。

極東風は、貿易風と同じ発生メカニズムによって説明されます。すなわち、緯度 70 度付近では、気温が極地（北極や南極）よりも高温であるために上昇気流が生じ、上空では極地に向かう大気の北（北極点付近）あるいは南（南極点付近）への流れが生じます。この大気の流

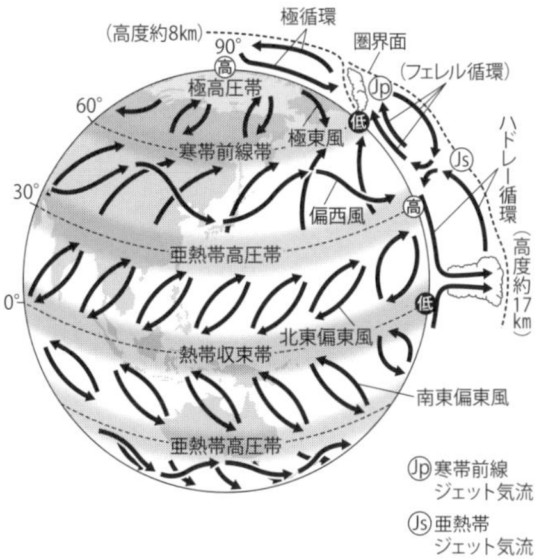

図 1.3.1　極東風と偏東風

れは、高緯度（極付近）では低緯度（緯度70度付近）よりも相対的な自転速度が小さいため、東から西に向かうように方向を変えます。その結果、極付近の高緯度帯における海面や地表面の大気は東から西に向かう流れ（風）となります。

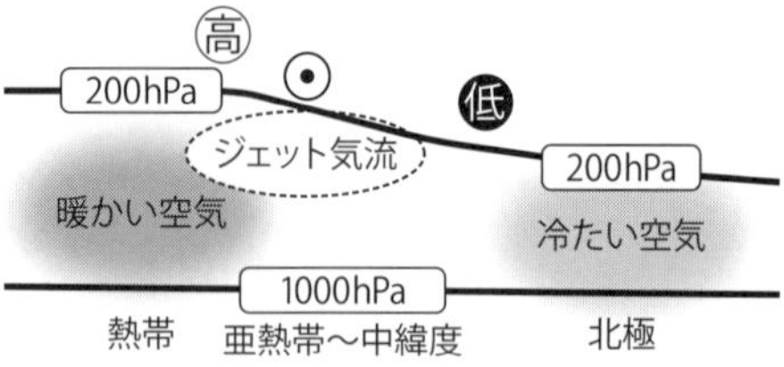

図1.3.2　フェレル循環を無視した偏西風発生メカニズム

偏西風は高度の高い上空の風の向きに名称の由来があります。北半球では南西から南半球では北西から吹いています。偏東風と偏西風はあたかも逆向きに吹いているような印象を受けますが、偏東風が海面や地表面で風の向きに名前の由来があるのに対し、偏西風は上空の風の向きに名前の由来があるだけで、上空での風の向きは偏東風でも西側から東側に吹いているとおり同じです。上述した偏東風や極東風を発生させる大気の循環は、それぞれ、ハドレー循環と極東循環と呼ばれます。これに対し、偏西風も、同様の大気循環（フェレル循環と呼ばれる）が存在することで生じるという説がある一方、フェレル循環は存在しないという説もあり、統一されていないようです。しかし、偏西風は高度約10kmでの大気の流れであり、フェレル循環の存在の有無に関わらず、山崎孝治先生（北海道大学名誉教授）が解説している理論（天気の科学（5）ジェット気流[2]）と地球の自転による遠心力によって生じる緯度ごとの大気圧の違いに基づけば、以下のように発生メカニズムを説明できます。偏西風が吹く中緯度帯の北と南では温度の差が大きいことと地球の自転で生じる遠心力による空気の量の差が大きいことにより、同じ高度（約10km）での気圧が高緯度と低緯度では大幅に異なります。その結果、低緯度側から高緯度側に高速での大気の流れ（北に向かう風）が生じます。また、この中緯度帯では、低緯度側と高緯度側の相対的な自転速度の差が偏東風の緯度帯での速度差よりも大きく、この大気の流れはほぼ真西に近い方向に流れます。その結果、実際には南北や上下に蛇行しながらも、地球を一周するように西から東に高速で吹く偏西風が発生します。なお、偏西風が吹いている帯域の海面や地表面付近の空気の流れは必ずしも偏西風と逆向きにはならないようです。この帯域では高度の高い山脈などが多く存在しているなどによる複雑な影響があるためだと説明されています。日本もこの緯度帯に存在するため偏西風の影響を受けます。天気が西から東に向かって変化するのも偏西風の影響です。また、本書の後の章で研究を紹介するアジア大陸からの黄砂や大気汚染物質は偏西風に乗って地球全体に広がっています。チェルノブイリ原子力発電所の事故による放射性物質も偏西風に乗って地球全体に広がりました。

ところで、偏西風が吹く中緯度帯の南緯度端と北緯度端の上空では、それぞれ、偏東風や極東風と接します。そのため、この境界付近の偏西風の速度は増大します。この高速で吹く偏西風はジェット気流と呼ばれています。偏西風の平均速度が約 30km/h であるのに対し、ジェット気流の平均速度は約 100km/h に達します。旅客機が東に向かう際には、ジェット気流に乗って飛ぶことで燃料の節約ができます。

佐々木一哉

コラム 11　設立以来の最大存続の危機に……
コロナに負けるな！！クラウドファンディング！！
（コロナ禍でのサバイバル）

いろいろな困難を経てNPOとして夏期観測を開始して以来、2019年7月25日に富士山測候所の利用者が5,000人に到達しました。

そんな嬉しい報告ができると、富士山測候所を利用した研究者たちの毎年3月に行われる成果報告会の準備をしていた矢先、新型コロナウイルスが世界中で猛威を振るいだしました。

2020年2月26日の運営委員会において、政府による新型コロナウイルス感染症に関する対応要請および成果報告会会場となる東京理科大学の対応をふまえ、3月14日の第13回成果報告会は中止とすること、さらに4月27日には2020年夏期の富士山頂における活動を中止せざるを得ないと判断をしました。

その理由は、富士山測候所のような施設は3密を避けることが非常に難しく、また、万が一山頂において体調不良を起こした場合に厳しい環境であるため、急激な症状悪化の可能性、救助者への感染拡大のおそれなどもあります。日本山岳会等の団体も山岳スポーツ行為の自粛を呼びかけており、夏期に富士登山自体が可能かどうかも危ぶまれる状況でした（結果的には2020年5月15日に富士山の山開きは中止となりました）。

「たった2か月間､使えないだけでは？」と思われるかもしれませんが、これは富士山測候所を研究拠点として存続させるための本NPOにとって苦渋の選択でした。

富士山測候所は、3,776mと標高が高く、私たちの想像を絶する気象条件が過酷な環境下にあり、測候所の維持にかかる費用がとても高額となるからです。

維持管理費などに使われる本NPOの収入は、夏期観測で施設を利用する研究者からの利用料で成り立っています。その収入がゼロということになります。なんとか資金集めのために、夏期観測の規模の縮小や、日帰りのみでの活用などを検討して利用継続ができないかと道を探ってきました。しかしながら、私たちは、研究者の安全･健康を一番と考え、夏期観測を断念しました。

これでは資金繰りが悪化し、本NPOが存続不可。富士山測候所が使えなくなってしまう…

もしも富士山測候所が取り壊しとなると、富士山頂一帯は国立公園かつ世界遺産となっている場所なので、二度と同じような施設の建設はできないのです。

普段から広く寄付を募っている本 NPO ですが、待っているだけでは何も始まらない！　ということで、この最悪の現状をお伝えして、ぜひお力添えをいただこうと、2020 年 6 月 26 日に大河内博理事（現在は副理事長）がプロジェクトリーダーとなり、クラウドファンディングをスタートしました。

開始当初は支援をいただけるかどうか不安でしたが、開始 14 日目にして当初の目標の 300 万円、8 月 3 日にはセカンドゴール 500 万円、ファイナルゴールの 600 万円まで達成することができました。8 月 15 日に終了し、支援者数 424 名・ご寄付総額 6,121,100 円となりました。

様々なメディアにもこの危機的な状況を取り上げていただき、寄付もたくさんいただきました。

まだまだ私たち認定 NPO 法人富士山測候所を活用する会の認知度が低く、また建物の老朽化や山頂まで続く電源ケーブル維持費など、資金面においては窮地に立たされています。『世界一の高所科学研究』を維持するために、本 NPO について情報のシェアや資金面での協力を広くお願いしなければならないのです。

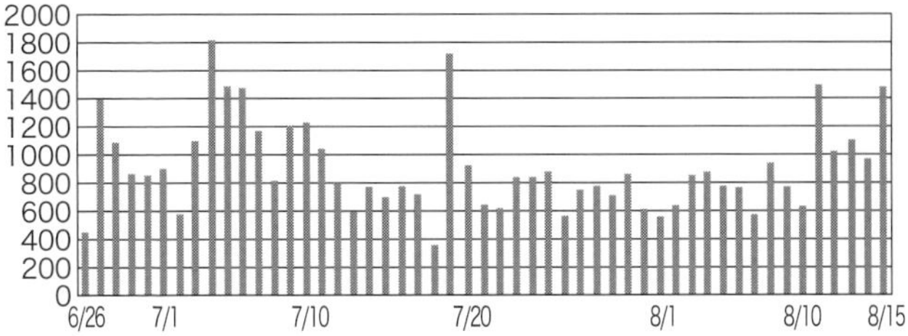

図 1.3.3　クラウドファンディングのホームページアクセス数（6/26 ～ 8/15）

松田千夏

3. 世界一の高所科学研究拠点への夢　　鴨川　仁

本 NPO も 2005 年 11 月に立ち上げてから 16 年が経ちました。会の活動はその名の通り富士山測候所の施設を活用するために利用希望団体を支援することです。支援が主目的である当会の運営の主力メンバーが研究者であり、活用グループの多くは研究・教育を目的としていることが大きいことから、組織の活動は事実上の研究教育機関とみなされます。2019年においては産官学のグループが42プロジェクト（図1.3.4）を行っていることから考えるとそれなりの規模の組織と言っても過言でないでしょう。

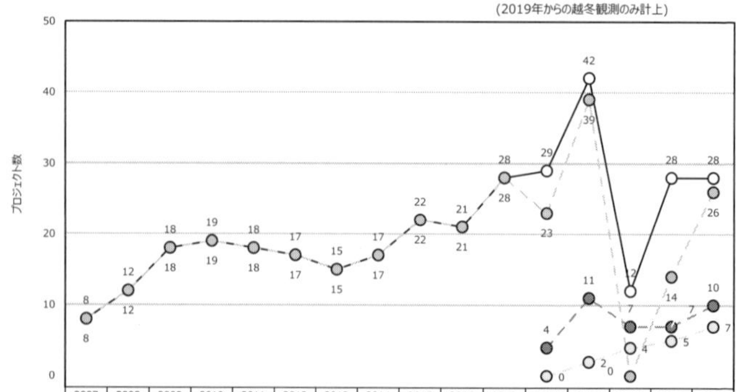

	2007	2008	2009	2010	2011	2012	2013	2014	2015	2016	2017	2018	2019	2020	2021	2022
プロジェクト数	8	12	18	19	18	17	15	17	22	21	28	29	42	12	28	28
山頂利用数	8	12	18	19	18	17	15	17	22	21	28	23	39	0	14	26
太郎坊利用数												4	11	7	7	10
御殿場利用数												0	2	4	5	7

夏期観測年度

** 2022年は2022年4月の予定数

図1.3.4　夏期観測参加プロジェクト数の推移

それだけの活動に対し、NPO法人収入は現時点で1円も、いわゆる国や行政の補助金が投入されたことはありません。組織の活動はNPO法人が認定されている（行政の厳しい審査のもと公益性があり財務、運営などの条件を満たしたNPOのみ所轄自治体にて認定の認証を受けることができます。全NPOに対して2%と難関）ものの、特に国や自治体から補助金やいわゆる受託のようなものはなく、あらゆる資金については、自分たちで集めたもの、つまり会費と寄付、富士山頂での夏期観測等における富士山測候所の利用料から得られる事業収入、競争的研究助成金と委託研究費だけで運営しているのです。

その一方で、本会の夏期の活動はもはや現地山頂になくてはならないものとなっています。その例を挙げると登山道の整備、県警への情報提供、山頂混雑時の安全確保など多岐にわたります。また、近年では山頂の安全でも不可欠と言われる携帯電話通話エリア拡大への環境整備、山頂におけるライブカメラ、落雷情報をはじめとした気象情報提供など、本会の特性を活かした活動で、安全情報提供も行っています。後者については研究活動との共存で運営が可能ですが、前者は資金的・人的にも本会に重くのしかかる負担と言っても良いでしょう。このような困難は、ときに研究時間を奪い、最終的には研究の成果を言わば奪うものであるゆえ、受益者となる登山者に負担してもらえるよう行政を通してご理解いただくよう努めなければならないでしょう。

日本においてNPO法人という形態、つまりボトムアップ型とも言っていい科学組織はどの程度あるでしょうか。図1.3.5に文部科学省・日本学術振興会の科学研究費に応募できる資格をもつ団体、つまり公的な研究費にて科学研究を行おうとしている組織の仕分けを示します。これを見ると606の登録団体がある中、NPO法人は17団体で、一定数（3%）あるのです。資格取得は、近年に行われたものがほとんどであり、このことは日本の科学研究のやり方に新しい方法が加わったと言っても言い過ぎではないでしょう。2000年代前半から国立大学の大学法人化や、運営交付金の減少、多数の競争的資金への応募で、日本の研究力が落ちてきているという報道は多数あります。ましてや、研究目的があらかじめ指定されている競争的資金の比重が高まると自由な研究ができなくなってくるのではないでしょうか。その中で、本NPOのように、まったく自己資金のみでの科学研究を自由に行えるというのは、資金繰りの苦しさはあるとはいえ、日本における新たな研究スタイルとして注目されています。

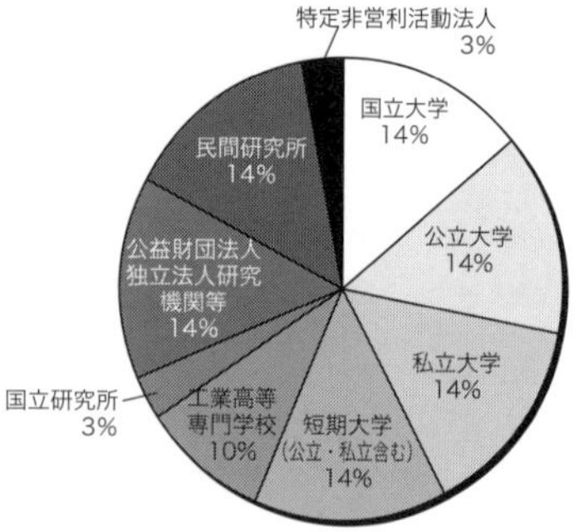

図 1.3.5　科学研究費の申請可能団体の分布図

今後の本NPOはどんな夢を持って進むべきでしょうか？（図1.3.6）目指すは、環境、防災、基礎科学、教育と多方面に活用できる永年的な施設になることだと思われます。そのためには、この場所の必要性を、実績とともに社会に訴え、公的な資金の投入で施設を入れ替えることだと思います。そのためには以下の4つの点について中長期で行っていく必要があると考えます。

1）充実した越冬観測の実現

1895年、野中至によって試みが行われた越冬観測。地球宇宙科学に関するデータを取得するには通年の定常観測は研究者の念願です。現在、本NPOではバッテリーおよび低消費電力技術を駆使して夏期以外の10か月をバッテリーによる電力で運用が行われていますが、夏期観測事業に比べてまだまだ規模が小さく、数多くの研究グループも通年観測に参画してほしいと考えています。とはいえかつての気象庁富士山測候所時代のように通年で研究者が山頂滞在することは現実的とは言えないでしょう。しかし、冬山登山のプロの山頂班常駐の資金を確保するのが困難でも、年数回の短期登山の依頼ならば、現状でも資金的、労力的にも可能と考えられます。その場合メンテナンスが、冬山登山の経験が豊富な山頂班によって行われれば、バッテリー・極低消費電力技術の組み合わせでハイブリット型の越冬観測が実現していくことになります。数回の登山による現地試料採取なども行えば、通年研究の幅が広がることは間違いありません。

2）資金の調達

現在の測候所の建物は、気象庁の管理下にあります。大きな修繕は、大家さんとしての気象庁が行いますが、すでに使用をやめた送電線ケーブルの修繕などは、気象庁の施設維持から除外されているため、このような部分は本NPOが維持を行わなければなりません。いずれにしろ多大な資金が引き続き必要であるため、研究施設としてだけでなく、富士山の登山安全に資する事業も事業化し収益を大きくする必要があります。国立公園という場所でありますが測候所を利用した広告事業も今後追及すべき一つの道かも知れません。

3）組織・事業の方向性

我々NPOの運営側としては、気象庁の施設からどこかの省庁の施設になるように模索はしております。しかし日本の国家財政事情から簡単には実現しないだろうというのも事実です。そのため、長期的には、他国と同様な国家的な支援を得た山岳研究施設となることを目指しながら、現在のままの運営で行っているような自主事業の拡大をすることによって国家的な支援を得る施設を目指す、あるいは自主事業の拡大によって経営的にも安定し、施設の永続的維持も可能とした組織を目指していく必要があります。

4）レベルの高い研究と人材育成

我々の活動が高いレベルの研究業績を残すことで、富士山測候所を残すべきという世論につながります。多くの研究者がNPOの運営事務に忙殺されると、研究時間が不足し、研究の質や量の低下を引き起こします。研究者が研究に集中できるようにするには、様々な場面で多様に支援できるスタッフの充実が不可欠です。さらに、永続的に高いレベルの研究成果を出すには、若手研究者やそれを目指す学生のための人材育成システムも必要です。次世代の研究者育成も本NPOが目指す目標です。

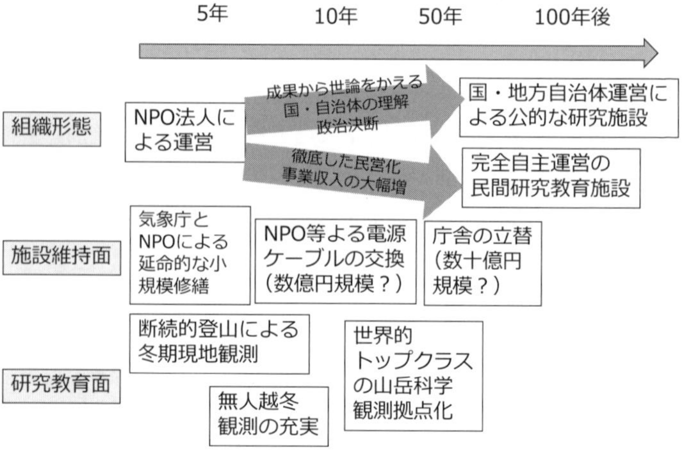

図1.3.6　認定NPO法人富士山測候所を活用する会の未来像（マイルストーン）

第２部
富士山で調べていること

第１章　大気環境を監視する

1．富士山頂の気象

佐々木一哉

富士山の山頂は、気圧が低く、低温で、さらに風が強い場所です。気象庁のホームページに掲載されているデータをもとにすると、それぞれが次のような値であることがわかります。気圧は、1965 年から 2021 年までの 56 年間（ただし若干観測していない期間を含みます）では平均が 638hPa、最低と最高が 603hPa と 657hPa です。傾向としては、夏季が冬季よりも高いようですが、いずれも地上の平均（約 1,013hPa）の 60 ～ 65% しかありません。気温は、図 2.1.1 に示すように 56 年間ほとんど変化がありません。56 年間の全期間の平均気温は-8.6℃です。また、1 日の平均気温は季節変動があり、夏季の平均気温は約 10℃で冬季の平均気温は約−30℃で、56 年間ほぼ一定です。なお、56 年間で 1 日の平均気温が最高となったのは 2010 年 8 月 1 日の 12.5℃、最低となったのは 1981 年 2 月 25 日の−35.1℃です。瞬間的には、1981 年 2 月 27 日に最低気温−38.0℃も観測しています。比較用として南極昭和基地の 1966 年から 2021 年までの平均気温を示しますが、全期間の平均気温は−10.6℃であり、最低と最高の気温はそれぞれ−38.6℃と 5.6℃です。つまり、富士山頂は、南極の昭和基地と比較しても、夏季では約 7℃高温ですが、年間平均や冬季の気温はいずれも約 2.5℃しか違わないほど寒いことがわかります。風速は、1 日の平均風速は、1965 ～ 2021 年の 56 年間の平均では 11.8m/s であり、1996 年 9 月 25 日には 44.8m/s を記録しました。10 分間の平均としての最大風速や瞬間的な最大値である最大瞬間風速はさらに大きく、それぞれ56.5m/s（1990年９月20日）と70.0m/s（2002年４月４日）も記録しました。富士山頂は、山脈が連なる山とは異なる独立峰なので、風が地面との摩擦による影響を受けにくく、台風などの季節風や偏西風などの強い風がそのままの勢いで吹き付けるためです。

山頂が雨雲より高いことが多いため、あたかも雨が山麓側から降ってくるように見える時もあります。しかし、それらは山麓から吹き上げる風によって雨雲の中の水滴が吹き上げてくるものであり、自然落下する通常の雨とは異なります。また、霧がかかる場合や雨雲の中に山頂が入ることも多く、通常使用する降雨量計での測定では、雨と霧や雲の水滴との区別をつけられないからです。したがって、富士山の山頂では、降水量の観測は困難であり、実施されていません。

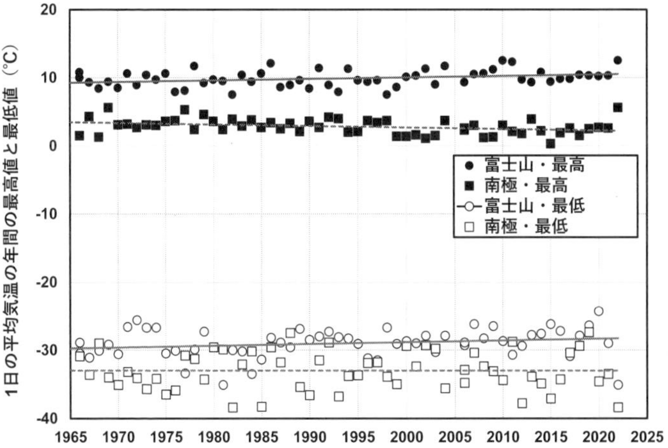

図 2.1.1　富士山と南極・昭和基地の１日の平均気温の年間の最高値と最低値

2. 粒子を監視する

2.1　鉱物粒子

小林　拓

2.1.1　黄砂

春になると「黄砂」という言葉をニュースなどでよく耳にするのではないでしょうか。黄砂とはユーラシア大陸の砂漠地帯で巻き上げられた鉱物粒子が、偏西風に流され、落下してくる現象を言います。黄砂により、洗濯物を屋外に干せなくなる、車が汚れるなど日常生活に影響を及ぼすだけではなく、呼吸器疾患といった健康影響も懸念されています。我々にとって厄介者の黄砂ですが、意外なことに海洋生態系と密接な関係があり、海洋生物にとっては恵みをもたらす空からの贈り物でもあります。この節では、鉱物粒子が関わる大気現象の代表例である黄砂に関し、海洋生態系との関係、富士山頂など山岳域で観測を実施する狙いについて紹介します。

2.1.2　黄砂は花咲かじいさん？！

図 2.1.2 に気候変動観測衛星「しきさい」に搭載されている SGLI センサで観測された海洋中の植物プランクトンの存在量（クロロフィル a 濃度として表されている）の 2021 年 6 月の月平均値を示します。植物プランクトンが多い海域が明るいグレーで表されています。陸上植物の分布とは、相当印象が異なります。赤道付近は熱帯雨林のジャングルが、中緯度から高緯度にかけてはタイガなどの大森林地帯が広がっています。しかし、海洋中の植物プランクトンは、大洋の真ん中では少なく、沿岸域や北太平洋、北大西洋や南極海に多く存在しています。また、ペルー沖も濃度が高いです。なぜ陸上と海洋中で植物の分布が大きく異なるのでしょうか。植物プランクトンの成長には、陸上植物と同様に栄養塩と微量元素が必要です。沿岸域では河川水の流入により、陸域から栄養塩や微量元素が供給されるため、植物プランクトンは、それに見合うだけ増殖しま

図 2.1.2　気候変動観測衛星「しきさい」で捉えた海洋中の植物プランクトン濃度（クロロフィル *a* 濃度）。2021 年 6 月の月平均値を示す。（©JAXA）

す。その結果、栄養塩や微量元素は沿岸域で消費されてしまい、外洋域まで流れていくことはありません。では外洋域で植物プランクトン濃度が比較的高い海域は、どのように栄養塩や微量元素が供給されているのでしょうか。一つが栄養塩などを豊富に含む深層水の湧昇による供給です。ペルー沖がこれに相当し、この海域はアンチョビーと呼ばれるイワシの好漁場として知られています。もう一つが大気を経由する供給です。栄養塩や微量元素を含むエアロゾル粒子が海洋へ沈着し、それらが溶出します。北太平洋や南極海は、High Nutrient Low Chlorophyll（HNLC）海域と呼ばれる[1)]、栄養塩濃度は高いけれども、植物プランクトン濃度が低い海域です。HNLC 海域では、鉄が不足し、植物プランクトンの成長を制限していると考えられています。このような海域に飛来し沈着した鉱物粒子から鉄が溶出すると、植物プランクトンは増殖します。植物プランクトンが一気に増殖する様子は「ブルーム」と呼ばれています。ブルームは英単語では Bloom であり、花盛りという意味をもちます。アジア大陸の風下にあたる北太平洋においては、黄砂がまさに海洋中に「花」を咲かせているのです。地球生物化学的に捉えると、黄砂による海洋への鉄の供給は、この海域における植物プランクトンの量、すなわち基礎生産力を支配し、植物プランクトンから始まる海洋生態系の食物連鎖を通じ高次の生物活動を支えています。また、植物プランクトンの光合成による二酸化炭素固定量も変化させ、地球温暖化に対し重要なはたらきをしています。黄砂の飛散量、特に海洋への沈着量の推定は、黄砂の海洋生態系への役割を評価する上で重要なのです。

2.1.3　世界をかけめぐる黄砂を捕まえる

果たして黄砂はどのようにして空を飛び、海へと運ばれていくのでしょうか。2007年5月8～9日にかけて中国タクラマカン砂漠で舞い上がった黄砂が輸送されていく様子をコンピュータ（エアロゾル輸送モデル）で計算した結果[2)]によると、黄砂は、日本上空を通過し、太平洋を越え北アメリカ大陸に達し、さらに大西洋を越えヨーロッパ大陸に達し、そしてついには中国に達し、まさしく北半球を一周しました。ライダーという、レーザー光線を空に向かって射出し、エアロゾル粒子にあたって戻ってきた光を測る装置で調べると、このときの黄砂は地上付近だけではなく、高度5kmまで存在していました。この高度は自由対流圏に相当し、地上の影響を受けにくいため、黄砂ははるか遠くまで流されていきます。そのため、広大な海域へ輸送される黄砂の海洋生態系への役割を評価するためには、地上付近だけではなく、自由対流圏中の黄砂の量を調べることが必要となります。さて、どのように自由対流圏を浮遊する黄砂を調べればよいのでしょうか。航空機を用いれば自由対流圏へ飛んでいって、その場の大気を採取できますが、費用が高い上に上空にとどまり続けることができないため、長期間にわたる観測を実施することは難しいです。そこで自由対流圏へ頭を突き出している山岳で観測を実施しています。

2.1.4　富士山頂で観測された黄砂

山岳域での黄砂の観測を、日本一の高さを誇る富士山頂の富士山測候所において試みました。黄砂は、様々な鉱物で構成されており、石英のような水に溶けないものを多く含んでいます。そこで、フィルター上にエアロゾル粒子を集め、その中の水に溶けない粒子を調べることにより黄砂の量を測定してみました。富士山頂へ登られた方はご存知だと思いますが、山頂付近は森林限界を超え裸地が広がっています。そのため砂埃が舞いやすい環境です。山頂付近や富士山の山麓で舞い上がった鉱物粒子とアジア大陸から飛来した鉱物粒子である黄砂とを見分けることは困難です。ただし、夜間は日射がなく静穏な環境になるため、山頂周辺から舞い上がる鉱物粒子は少なくなります。エアロゾル粒子は、午前 0 時から朝の 6 時までの夜間のみ捕集しました。同時に光散乱式粒子数測定器（Optical Particle Counter：OPC）という、微粒子が光をキラキラとあらゆる方向に散らす性質（散乱といいます）を利用してエアロゾル粒子の数を数える機器でも測定を実施しました。OPC では数分ごとにエアロゾル粒子の数を測ることができます。1μm を超える大きさの大気エアロゾル粒子の数の時間変動を測定すると、朝の 4 時頃から増え始める日

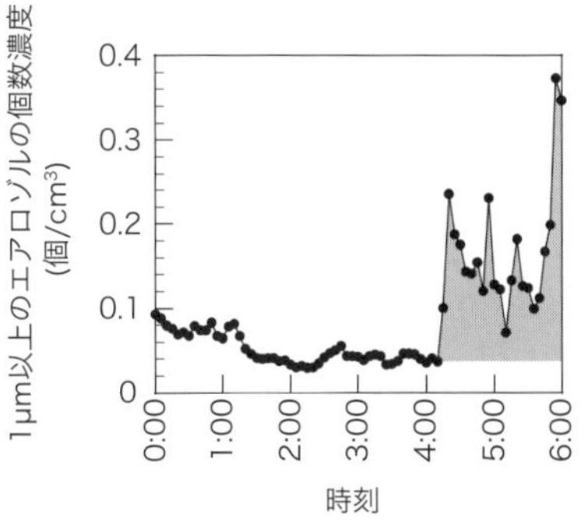

図 2.1.3　光散乱式粒子数測定器で測定された富士山頂における粒径 1μm 以上のエアロゾル粒子の個数濃度[2]。

もありました（図 2.1.3）。この濃度増加は、ご来光を目当てに日の出前後に活動する登山客が巻き上げたものと考えられるため、この増加が少なかった期間の粒径分布の測定結果の例（2007 年 8 月 5 ～ 6 日に測定）を図 2.1.4 に示します。粒径分布とは粒子の大きさごとに粒子の量を表すことです。黄砂のときに平野部で測定された値と比べ、粒子の量はおよそ 1 割程度でしたが、粒径はよく一致していました。よって、夏の富士山頂にも黄砂が薄らと飛来していることがわかりました。

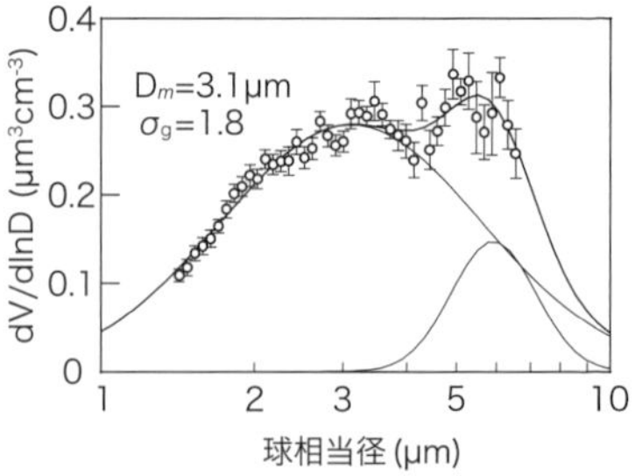

図 2.1.4　富士山頂で捕集された鉱物粒子の粒径分布[3)]。

黄砂の飛散量を捉えるためには、夏の期間だけではなく、一年を通して測定を続ける必要があります。富士山頂は日本一の高さを誇る素晴らしい観測地点ではありますが、現時点では夏の間だけしか測定することができません。日本には高さは富士山に敵いませんが、素晴らしい山々が存在しています。長野県木曽駒ヶ岳の南に位置する千畳敷カールは、通年営業しているホテルがあり、またロープウェイによりアクセス可能です。現在はこの千畳敷カールに測定機器を設置し、年間を通して黄砂の観測を実施しています。観測結果は、携帯電話を通じて随時データ転送され、リアルタイムに WEB（http://popcarn.yamanashi.ac.jp/）にて見ることができるようになっています。ご興味がある方はぜひご覧になってください。

2.2　人為起源粒子（$PM_{2.5}$）

米持真一・畠山史郎

2.2.1　環境基準と成分

日本では大きさが 10μm 以下の粒子と 2.5μm 以下の粒子について環境基準が決められており、前者は浮遊粒子状物質（SPM）、後者は微小粒子状物質（$PM_{2.5}$）と呼ばれます（図 2.1.5）。2.5μm より大きな粒子には、土壌粒子など自然界に由来するものが多く含まれるのに対し、$PM_{2.5}$ にはものの燃焼など、人の活動に由来するものが多く含まれます。

大気汚染物質には窒素酸化物（NO_X）や二酸化硫黄（SO_2）などが知られていますが、$PM_{2.5}$ という物質があるわけではなく、空気中を漂う粒子を大きさで分類したものに過ぎません。このため、$PM_{2.5}$ には様々な物質が含まれます。

首都圏郊外の埼玉県加須市で採取した $PM_{2.5}$ の成分を図 2.1.6 に示します。硫酸イオン（SO_4^{2-}）、硝酸イオン（NO_3^-）、塩化物イオン（Cl^-）やアンモニウムイオン（NH_4^+）などは水溶性無機イオンと呼ばれ、主に燃料や廃棄物などが燃えることで、硫黄酸化物（SO_2 など）、窒素酸化物（NO_X など）や塩化水素（HCl）などのガスとして大気中に放出されたものが、空気中のアンモニアガス

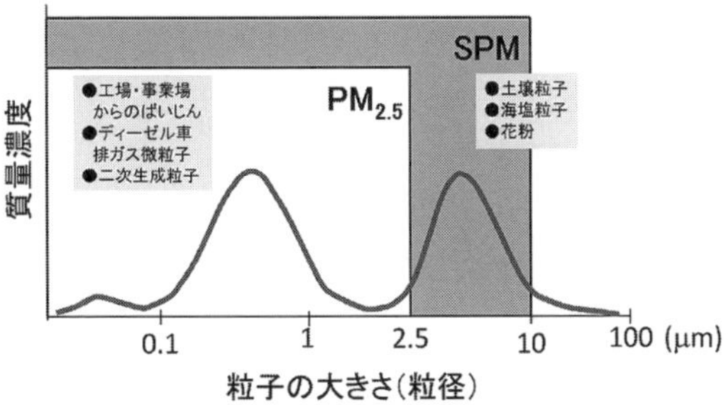

図 2.1.5　大気中を浮遊する粒子状物質の分布

(NH_3) 等と反応して粒子 ($PM_{2.5}$) になったものです。また、有機炭素 (OC) の一部も、ガスとして放出されたものが変化して粒子 ($PM_{2.5}$) となったものです。このようにガスとして放出された後に、粒子になったものを二次粒子と呼びます。これに対し元素状炭素 (EC) はディーゼル車の排気ガスに含まれる黒煙のように、最初から粒子として放出されるため、一次粒子と呼びます。OC には、一次粒子と二次粒子の両方が含まれます。$PM_{2.5}$ には、このほか、空気中に舞い上がった土壌の粒子や、海塩粒子、火山などに由来するものも一部含まれます。また、図 2.1.6 に示す $PM_{2.5}$ の成分のうち、その他の一部に無機元素があります。無機元素にはナトリウム (Na)、アルミニウム (Al) などのほか、亜鉛 (Zn) や鉛 (Pb) などの重金属が含まれ、これらは発生源によって特徴があります。

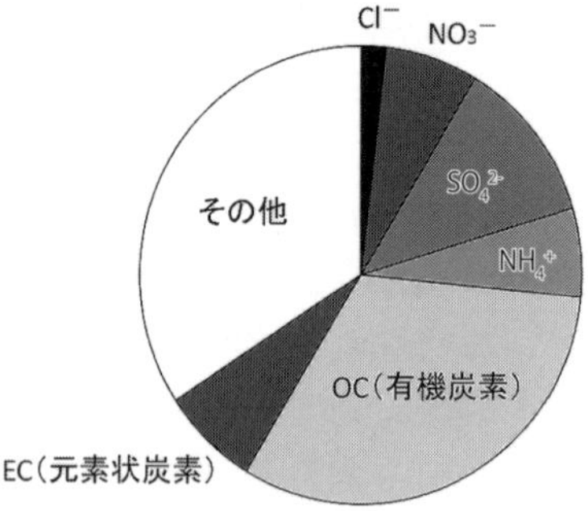

図 2.1.6　$PM_{2.5}$ に含まれる成分の例
（埼玉県加須市）

このように、$PM_{2.5}$ には様々な発生源から大気中に放出された物質が含まれ、人体に有害な物質もあるため、$PM_{2.5}$ に含まれる成分を詳しく調べる必要があります。

2.2.2　中国、韓国との連携

2013 年 1 月 12 日の夜、中国北京市にある米国大使館で測定していた $PM_{2.5}$ 濃度が 900μg/m^3 (1μg は 100 万分の 1g) 前後まで上昇し、インターネットやテレビニュースなどによって世界中に報道されました。日本の環境基準は 1 日平均値で 35μg/m^3 であり、これを大きく上回る濃度です。東アジアの上空では西から東に気流が流れていることから、日本はアジア大陸の風下側となります。春先にときどき、アジア大陸の砂漠地帯から黄砂が飛来することがありますが、$PM_{2.5}$ も同じように流れてくる可能性があります[1)]。このように大気は国境を越えて移動するため、越境大気汚染という言葉がよく使われますが、$PM_{2.5}$ の越境大気汚染に日本中の関心が集まりました。

埼玉県環境科学国際センターでは、中国や韓国の研究機関と連携して、$PM_{2.5}$ を調べていますが、このとき北京市でも $PM_{2.5}$ の測定をしており、$PM_{2.5}$ の水溶性無機イオンでは SO_4^{2-} が高い濃度で含まれていました。SO_4^{2-} は主に燃料中に含まれる硫黄（S）分が、燃焼によって SO_2 となり、大気中に放出された後、空気中で酸化されることで生成しますが、この S 分は石油や石炭中に多く含まれます。また、ヒ素（As）、鉛（Pb）やカドミウム（Cd）などの重金属も高い濃度で含まれていました[2)]。これらの成分も石炭中に多く含まれます。日本では中国と比べて石炭の使用量は非常に少ないため、石炭の特徴的な成分に着目することで、越境大気汚染を調べることができます。

2.2.3　富士山頂の $PM_{2.5}$ 濃度[3)]

これらの成分を調べるためには、$PM_{2.5}$ をフィルター上に採取する必要があります。私たちは、$PM_{2.5}$ を自動採取する装置（図 2.1.7）を測候所に設置し、2015 年の夏期（7 月 21 日から 8 月 20 日の毎日）に富士山頂で $PM_{2.5}$ を採取して、成分を詳しく調べました。この装置では、設定した時間に自動的にフィルター上に $PM_{2.5}$ を採取することができます。$PM_{2.5}$ には様々な成分が含まれますが、富士山頂では $PM_{2.5}$ の濃度がとても低いため、成分の濃度はさらに低いことになります。このため、As や Pb などを調べるためには、フッ素樹脂で作られた、不純物の少ない特殊なフィルターを用います。

富士山頂で$PM_{2.5}$を24時間採取したフィルターを図2.1.8（口絵12）中央に示しました。左は採取前のフィルターですが、富士山頂では採取後でも、ほとんど色が変化していません。このフィルターを実験室にもち帰り、1μg（100万分の1g）を正確に測れる特殊な天秤を使い、重さを調べたところ、富士山頂の平均濃度は2.5μg/m^3でした。同時に、都心（新宿、早稲田大学キャンパス）、郊外（埼玉県加須市、埼玉県環境科学国際センター）、中国上海市や韓国済州島でも$PM_{2.5}$を採取しました（図2.1.9）。

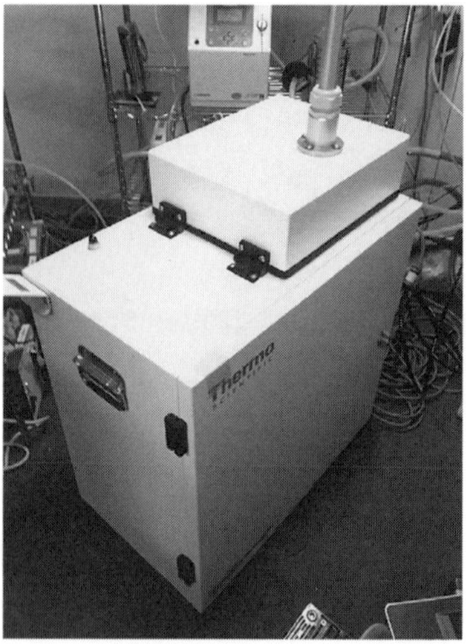

図 2.1.7　旧富士山測候所の1号庁舎2階に設置した$PM_{2.5}$の自動採取装置

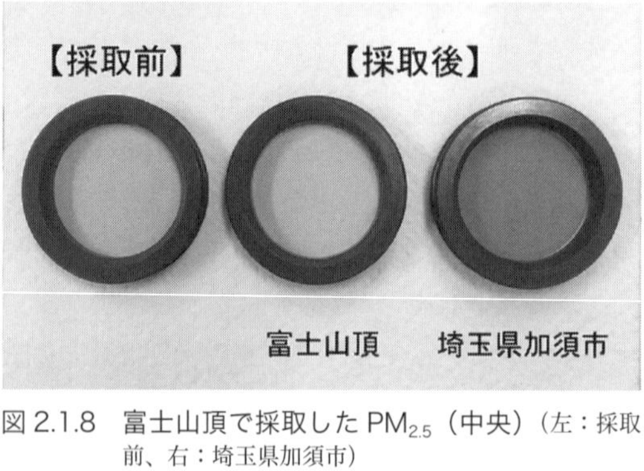

図 2.1.8　富士山頂で採取した$PM_{2.5}$（中央）（左：採取前、右：埼玉県加須市）

郵便はがき

63円切手を
お貼り下さい

1 6 0 - 0 0 1 2

（受取人）

東京都新宿区南元町４の５１
（成山堂ビル）

㈱成山堂書店　行

お名前	年　齢　　　　歳 ご職業
ご住所（お送先）（〒　　－　　）	1．自　宅 2．勤務先・学校
お勤め先（学生の方は学校名）	所属部署（学生の方は専攻部門）
本書をどのようにしてお知りになりましたか A. 書店で実物を見て　B. 広告を見て（掲載紙名　　　） C. 小社からのＤＭ　D. 小社ウェブサイト　E. その他（　　　）	
お買い上げ書店名 市　　町　　書店	
本書のご利用目的は何ですか A. 教科書・業務参考書として　B. 趣味　C. その他（　　　）	
よく読む 新　聞	よく読む 雑　誌
E-mail（メールマガジン配信希望の方） @	
図書目録　　送付希望　・　不　要	

—皆様の声をお聞かせください—

成山堂書店の出版物をご購読いただき、ありがとうございました。今後もお役にたてる出版物を発行するために、読者の皆様のお声をぜひお聞かせください。

代表取締役社長
小 川 典 子

本書のタイトル（お手数ですがご記入下さい）

■ 本書のお気づきの点や、ご感想をお書きください。

■ 今後、成山堂書店に出版を望む本を、具体的に教えてください。

こんな本が欲しい！（理由・用途など）

■ 小社の広告・宣伝物・ウェブサイト等に、上記の内容を掲載させていただいてもよろしいでしょうか？（個人名・住所は掲載いたしません）

はい ・ いいえ

ご協力ありがとうございました。

（お知らせいただきました個人情報は、小社企画・宣伝資料としての利用以外には使用しません。25.4）

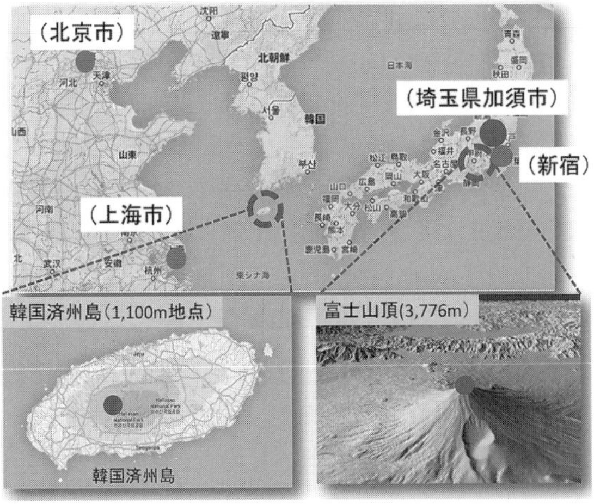

図 2.1.9　中国、韓国との $PM_{2.5}$ 同時測定

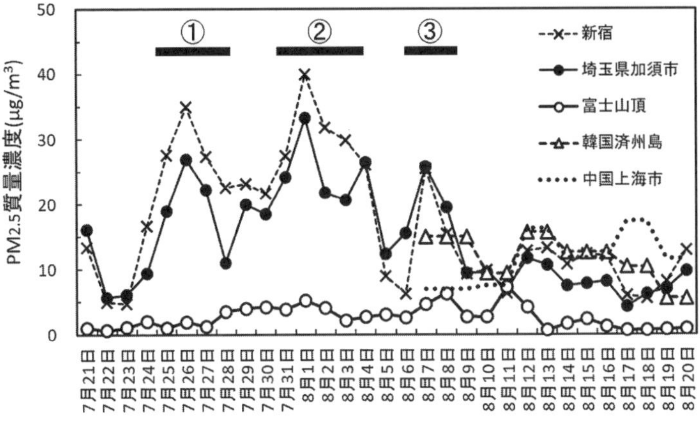

図 2.1.10　2015 年夏季の $PM_{2.5}$ 濃度の変化

図 2.1.10 に $PM_{2.5}$ 濃度の変化を示します。富士山頂では、近くを自動車は走っていませんし、発電所や工場、焼却炉などの発生源もありませんので、同じ時期の埼玉県加須市の 14.7μg/m^3 や、新宿（大気汚染常時監視測定局）の 17μg/m^3 と比べて特に低い濃度でした。また、新宿や埼玉県加須市などで濃度が上昇した期間は、大きく 7 月 25 ～ 27 日（期間①）、7 月 31 日～ 8 月 4 日（期間②）、8 月 7 ～ 8 日（期間③）に分けることができます。

2.2.4　富士山頂の $PM_{2.5}$ の成分と越境大気汚染[3)]

$PM_{2.5}$ に含まれる成分のうち、As、Pb や Cd などは人体への有害性が高い成分です。これらは石炭中に多く含まれ、排ガスの処理をせずに石炭を燃焼させると、そのまま大気中に放出されてしまいます。また、バナジウム（V）という成分がありますが、石油中に多く含まれるため、石油の燃焼で発生する $PM_{2.5}$ には V が多く含まれます。例えば、東京湾岸の石油工業地帯に近い場所で $PM_{2.5}$ を調べると、V が多く含まれることがわかっています。

大気汚染物質の濃度は、気象の影響も大きく受けます。気象条件による濃度の変化を考慮するためには、濃度の比を調べることも有効です[4)]。そこで、石炭と石油の燃焼に特徴的な As と V との比（As/V）を調べてみました（図 2.1.11）。この比が大きければ、大陸での石炭燃焼の影響を大きく受けていると推測できます。埼玉県加須市の $PM_{2.5}$ 中の As/V 比を見ると、期間③に 1 前後に上昇しましたが、富士山頂では期間②の後半と期間③に 1 を超えていました。これに対して期間①では、富士山頂も埼玉県加須市も上昇していません。

As/V 比の上昇の原因を調べるためには、大陸からの影響以外の可能性も調べる必要があります（図 2.1.12）。例えば、夏の富士山は、日中大勢の登山者が登ってきます。また、標高が高く風も強いため

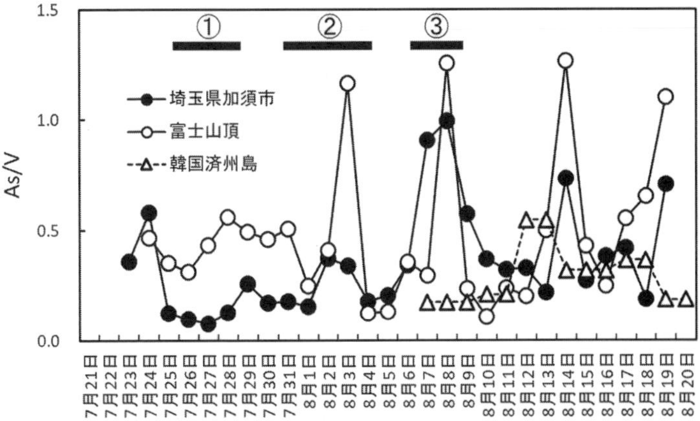

図 2.1.11　ヒ素（As）とバナジウム（V）の比（As/V）の変化

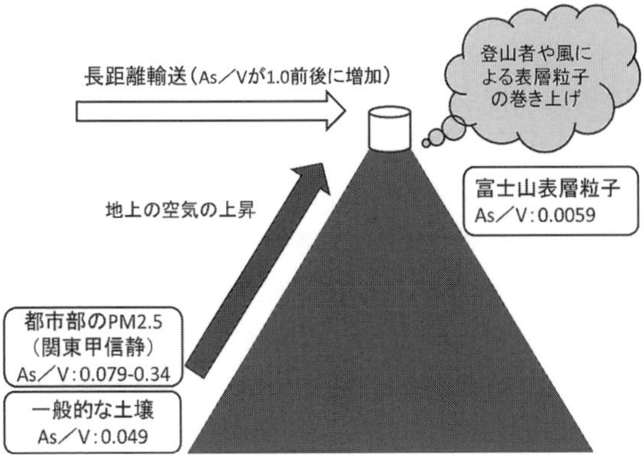

図 2.1.12　夏の富士山頂の $PM_{2.5}$ に影響を与える要因

に、登山道周辺の表層粒子が舞い上がり、その一部は $PM_{2.5}$ に含まれる可能性もあります。まず、この影響を調べるため、許可を得て、富士山九合五勺から山頂までの数か所で表層粒子を採取し、成分を

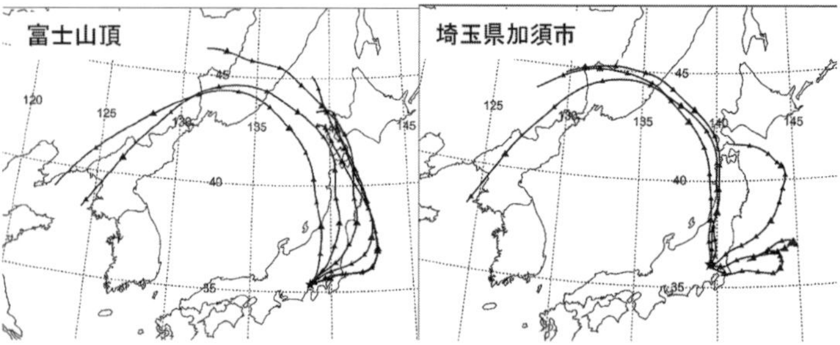

図 2.1.13　8 月 8 日の後方流跡線解析（左：富士山頂、右：埼玉県加須市）（図中の▲は 6 時間ごとの空気の位置を示し、72 時間前まで遡って表示している）

調べてみました。その結果、As/V 比は 0.0059 と低い値でした。また、人の活動が盛んな地上で発生した $PM_{2.5}$ が、日中に谷風などの上昇気流に乗り斜面を登ってくる可能性もありますが、ほぼ同じ時期に、関東甲信静の 23 地点で行われた $PM_{2.5}$ の成分の調査では、As/V 比は 0.079 ～ 0.34 でした。

このように、富士山頂の $PM_{2.5}$ は山の表層粒子や、都市部で発生した $PM_{2.5}$ の影響を受けても As/V 比は上昇しないことがわかりました。富士山頂や埼玉県加須市で As/V 比が大幅に上昇した期間は、大陸から $PM_{2.5}$ が運ばれてきた可能性が高いと考えられます。

その場所の空気が、過去にどこから運ばれたかを調べる方法として、世界の気象データを用い、ある地点の空気がどのような経路を通ってきたかをコンピュータ上で解析する後方流跡線（Backward Trajectory）解析があります。この方法を使い、期間③に含まれる 8 月 8 日の富士山頂と埼玉県加須市上空の空気が、どこから流れてきたかを調べたところ、どちらも大陸方面から運ばれてきたことがわかりました（図 2.1.13）。このように、特に期間③は、富士山頂も埼玉県加須市も越境大気汚染の影響を受けていたことがわかりました。

また、期間②後半の後方流跡線は、富士山頂では大陸方面からの空気の輸送が見られましたが、埼玉県加須市の上空では、大陸方面からの輸送は示していませんでした。期間①では富士山頂も埼玉県加須市も As/V 比は上昇しませんでした。期間①と期間②では、埼玉県では光化学スモッグ注意報が発令されており、首都圏で大気中に放出された原因物質によって、$PM_{2.5}$ が上昇したと考えられます。これ以外にも、富士山頂では 8 月 14 日や 8 月 18 日に As/V 比が 1 を超えていました。新宿や埼玉県加須市の $PM_{2.5}$ 濃度は上昇しませんでしたが、富士山頂には大陸方面からの空気が流れ込んでいたと考えられます。

2.2.5　その後の取り組み

図 2.1.5 に示したように、$PM_{2.5}$ は一部に土壌の粒子などが含まれます。これまでの研究から、富士山頂では特に日中の $PM_{2.5}$ に表層粒子が混入することもわかりました。それならば $PM_{2.5}$ よりさらに小さな、1μm 以下の粒子（PM_1）を調べれば、この影響を抑えることができ、越境大気汚染の影響をさらに詳しく知ることができるかもしれません。そこで 2018 年からは PM_1 の採取を行い、その成分分析を進めています。

3. ガスを監視する

3.1　オゾン、一酸化炭素、二酸化硫黄

加藤俊吾

3.1.1　オゾン：富士山頂では良いオゾンと悪いオゾンのせめぎ合い

オゾン（O_3）というと「有害な太陽光の紫外線から地球を守ってくれるもの：オゾン層」を思い浮かべる方が多いかと思いますが、分子としてのオゾンは反応性が高いガスで、人間や生き物が触れたり吸い込んだりすると有害です。実際、オゾンは殺菌・洗浄に使わ

れています。

オゾンは成層圏（地上から10～50km程度）にたくさんあり成層圏オゾンと呼ばれています。その中でも高濃度になっている領域は「オゾン層」と呼ばれています（高度25kmぐらい）。それに対して地表に近いところ（約10km以下）にあるオゾンは対流圏オゾンと呼ばれています。成層圏オゾンは有害な紫外線から生物を守ってくれる良いものだけれど、対流圏オゾンは有害で悪者ということになります。オゾンの話をするときには、どちらのオゾンのことかはっきりさせないといけませんね（物質としては同じものですが、ただ存在する場所が違うだけですけれど）。

「都市大気汚染」というと日本ではもう過去のことかと思われるかもしれません。日本全国で大気汚染物質のモニタリングが1970年代から実施されており、近年は一酸化炭素、二酸化窒素、二酸化硫黄などで環境基準達成率はほぼ100%となっています（とてもきれいな空気です）。一方、現在でも春・夏に「光化学オキシダント（スモッグ）注意報」が発令されて外で運動しないように、など言われることがあります。「光化学スモッグ」と「光化学オキシダント」は厳密には同じではありませんが、大気中でモニタリングをしているのは「オゾン」であり、このオゾンの測定結果を「光化学オキシダント」と呼んでいます。光化学オキシダントについては、環境基準達成率が、なんと、ほぼ0%なのです！　さすがにこれは環境基準の設定の仕方にも問題があると考えられ、近年では別の指標も併せて用いて評価をするようになってきています。

このように、オゾンを減らすような努力を今後も続けていかなければなりません。日本でオゾンを減らすようにするには、その場（日本の都市域）で生成するオゾンを減らす、日本に入り込んでくるオゾンを減らすということが考えられます。後者は国内の対策だけではどうしようもないのですが、きちんと観測をして科学的な証拠として他国に示し、他国においてもオゾンを減らすように努力してもらう、ということをする必要があります。そのため、日本に大気が入り込んでくる西側の地点で、長距離越境汚染、長距離汚染大気輸送の影響がどの程度あるのか大気モニタリングする必要があります。日本付近は通常西風・偏西風が卓越しているからです。それと同時に、高い地点での観測も同様な観測結果が得られることが期待されます。対流圏（地表から10kmほど）はよく混合している、とされていますが、もっと短い時間スケールで見てみると、地面から昼間は1～2kmほどの境界層があり、それより下はよく混合するけれど、境界層界面より上の「自由対流圏」では簡単に地表の大気とは混合しません。また、自由対流圏にある大気は地表に近い大気に比べ輸送しやすいのです。具体的には、中国の大都市域などの汚染大気が上空に輸送されて、それが自由対流圏を速やかに移動して日本まで輸送される、ということになります。高度の高い地点での観測は、航空機などを用いて行われますが、コストがとても高い、スポット的な測定となり継続して測定できない、という問題があります。そこで、高い山の上で測器をもち込んで観測を行えばよいのですが、山の地形により大気が乱されてしまうことがあります。その点、富士山は日本で一番高いというだけでなく独立峰であるため地形の影響を受けにくく、天然の「観測タワー」のようにして使うことができます。

3.1.2　一酸化炭素：汚染大気の指標になる

一酸化炭素（CO）は、密閉した空間で物を燃やしたりすると中毒で死亡する事故を引き起こすなど、高濃度になると有害なガスです。物が燃えるときに完全に燃えれば二酸化炭素になってくれるけれど、不完全燃焼だとCOが発生してしまいます。人間活動ではガソリン車の排気ガスは様々な走り方をするのでいつも完全燃焼をさせることは困難です。また、何かしら物を燃やすと出てくるので、農作物の燃焼や、焼畑、人間が意図をしているわけではない天然の森林火災（世界的にはこれも大きな大気汚染物質の発生源）からもCOは発生します。通常、これらの燃焼などでCOだけでなくNO_Xも同時に生成されます。NO_XはNOとNO_2の総称で、NO_2からNOに姿を変えるときに酸素ガス（O_2）からオゾンガス（O_3）を作りつつ、さらには硝酸へ姿を変えて数日で大気中から除去されますが、COは大気中で1か月ほど存在することができます。そのため、長距離輸送された汚染大気を研究するときには、COも一緒に測定していれば大気汚染地域から空気がきたのか、清浄な地域からきたのか区別がつくことになります。

対流圏のオゾンは「窒素酸化物（NO_X）＋揮発性有機化合物（VOC）＋日射」により生成されます。そのため、汚染大気が長距離輸送されてくればCOと同時にオゾンも高くなることになります。

3.1.3　オゾンと一酸化炭素の関係：オゾンの素性を探る

富士山頂においてオゾンとCOを観測することにより、汚染大気の長距離輸送の影響を捉えられることが予想されます。商用電源が利用できる夏季だけですが、富士山頂でオゾン、COを測定してみると、このようなかなり都市域から離れた地点においても大きな濃度変動が観測されます。そのときに観測された空気がどこからきたのかを計算で求めている後方流跡線によりそれぞれどの方向から空気が運ばれてきたのかを分けて平均濃度を比べてみると、明らかに大陸の方から来る場合にオゾン、COが高濃度になり、汚染大気が輸送されてきていることがわかります。また、オゾンとCOの関係を見ると、COが増えるとオゾンが一緒に増えていることがわかります（図2.1.14：オゾンとCOが低いときは清浄な海洋性の大気、

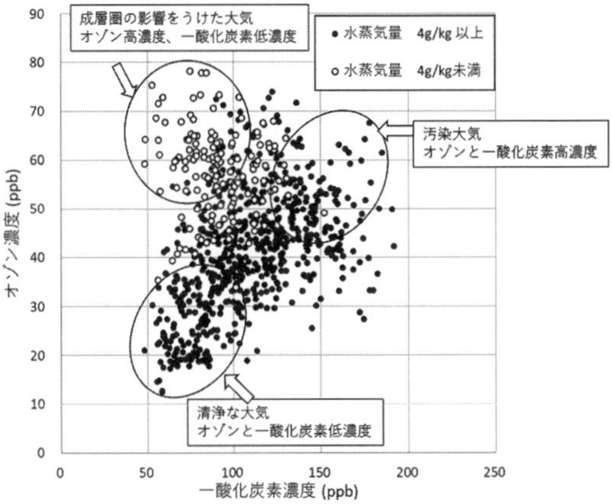

図 2.1.14　2013 年夏に富士山頂で観測されたオゾンと一酸化炭素の相関プロット

オゾンと CO が高いときは汚染された大陸性の大気になる傾向があります)。

しかし、全体の傾向から明らかに外れてくる観測値もあります。CO だけが高い場合は、ごく近傍の発生源の影響を受けている場合です。山頂の山小屋に食料を運んだり、トイレの屎尿を下ろしたり、崩れてしまう登山道の修復をしたりするために、ブルドーザーが入って作業をします。また、山小屋が自家発電をするときに発生します。一方、オゾンだけ高くなる場合も見られます（図 2.1.14)。高度十数 km 以上の成層圏はオゾン層があり、オゾン濃度がとても高いですが、通常はその下にある対流圏とはあまり混ざりません。ときどき成層圏の空気の一部が対流圏に降りてくることがありますが、富士山頂は高度が高いため、そのような成層圏大気の影響を受けていることを捉えることができた、と考えています。その根拠として、大気の水蒸気量（気象庁による測定）ごとに分けてオゾン、

COの関係を見ると（図2.1.14）オゾンだけが高いものは水蒸気が低い場合がほとんどです。これは、高度が高い地点にいくほど気温が低くなり、大気中の水蒸気は雲・雨として大気から取り除かれるので、高度が高い地点はとても水蒸気量が少なくなります。同時にCOは地表の発生源（車など）から放出されるため、上空にいくほど低濃度になります。けれど、オゾンについては（汚染大気の光化学反応から生成するものではなく）成層圏の影響を受けて高くなる、ということです。

このような観測を商用電源が利用できる夏季だけではなく通年で行いたいのですが（春や冬の方が偏西風による汚染大気の長距離輸送が起きやすので）、通年で利用できる富士山の山腹にある太郎坊ベース（標高約1,300m）においても長距離輸送を捉えられないか検討を進めています。

3.1.4　二酸化硫黄、硫化水素：最新通信技術で富士山噴火の予兆を早期発見する

二酸化硫黄（SO_2）の測定も富士山頂で行っています。SO_2は石炭や石油に含まれており、その燃焼などから大気に放出されます。しかし、比較的早く化学反応が進んで硫酸などになり、微小な粒子を生成します。粒子は$PM_{2.5}$のように（高濃度となると）健康被害を及ぼす以外にも、気候に影響する（粒子が太陽の光を散乱する、粒子が雲を作りやすくするので地球を冷やす：第2部第5章2.参照）ということがあるので盛んに観測・研究されています。その微小粒子のもとになるから、という観点でSO_2の観測を始めたのですが、富士山頂のような地点ですとSO_2はかなり低濃度となります。

しかし、ときどき高濃度のSO_2が見られる場合がありました。それは火山からの放出があるからです。富士山の北に位置する浅間山や遠くでは桜島の噴煙が富士山頂にまで輸送されてきたと考えら

える事例がありました（3.3.4 参照）。富士山自体も火山であり、最後の宝永噴火から 300 年以上経過しているためいつ次の噴火が起きてもおかしくない状況です。このように火山性ガスが捉えられるなら、火山性ガスを富士山でモニタリングし、防災に活用できるようにしよう、ということで SO_2 だけでなく、同様な火山性ガスである硫化水素（H_2S）についても測定することにしました。いつ起こるかわからない噴火をモニタリングする目的であるため、商用電源が使える夏だけしか火山性ガスを測定できないとなると不十分です。そこで、商用電源が使えない期間においてもバッテリーだけで火山性ガスを測定できるシステムを作成することにしました。そのためには、低消費電力で動作する必要があり、測定したデータを外部からリアルタイムで確認できる必要があります。SO_2 と H_2S の測定は低消費電力で作動する電気化学センサーを利用することにしました。残念ながら、これらの電気化学センサーでは温度変化による影響を受ける、検出下限が高い（あまり低濃度は測定できない）という問題はありますが、火山活動による火山性ガスは高濃度になるであろうということでこのセンサーを採用しています。夏季以外は山頂の測候所は完全に閉鎖されて誰も立ち入ることができないため、測定したデータを冬季の山頂から送信するのに、低消費電力で広範囲で通信を行うことができる LPWA（Low Power Wide Area）に分類されるソニーが開発した ELTRES を利用することにしました。富士山頂からの ELTRES の信号は東京スカイツリーの受信局などで受信され、現在の状況を知ることができます。2019 年 8 月末に山頂の測候所に SO_2 と H_2S ガスセンサー、ELTRES を寒冷地用のバッテリーで駆動するシステムを設置し、測定データはリアルタイムで認定 NPO 法人富士山測候所を活用する会のウェブサイトで閲覧できるようにしました。夏の終わりに測候所が閉鎖されて無人・無電

図 2.1.15　火山性ガス測定器を携帯して富士山の登山道を歩きながら測定結果を配信

源となった後も火山性ガスの測定を継続することができ、2020 年の 5 月に H_2S ガスセンサーが不調に、7 月に SO_2 センサーが不調になるまで計測が行えました。本来なら 2020 年の 7 月に測候所に行き、このシステムのメンテナンスを行う予定でしたが、新型コロナウイルスの影響でこの年には富士山は登山禁止、山頂の測候所での活動を行うことができませんでした。しかし、ガスセンサーは不調であったものの、通信を担う ELTRES はその後も動作を続けて 2021 年 7 月に 2 年ぶりに測候所で作業ができるようになるまでバッテリーだけで駆動し続けていました。

今後も山頂で火山性ガスのモニタリングを継続していきますが、噴火は山頂からだけではなく、富士山麓の他の地点からも起こる（むしろその可能性の方が高い）と言われています。そのため、山頂の測候所だけでなく、より簡便な火山性ガスモニタリングシステムをいくつかの地点に設置する取り組みをしています。また、携帯型のシステムで登山道を移動しながら ELTRES で通信し、リアルタイムの測定結果のマップを作成する取り組みを行っています（図2.1.15、口絵17）。

3.2　富士山頂での窒素酸化物

和田龍一

3.2.1　窒素酸化物について

窒素酸化物（NO_X）は、化石燃料を使用する際に含有する窒素化合物が原因で発生し、また自動車等の内燃機関にて、窒素分子と酸素分子との高温化学反応により発生します。自然界では、NO_Xは土壌中の微生物による作用、また後述する雷による大気化学反応により発生します。NO_Xはそれ自身も毒性をもちますが、オゾンを生成する原因物質の一つであり、光化学スモッグ、酸性雨といった環境問題を引き起こします。大気中に排出されたNO_Xは、大気中での化学反応を通して硝酸（HNO_3）や有機硝酸、ペルオキシアセチルナイトレート（PAN）といった化合物へ形を変えます。NO_Xを含めたこれら窒素酸化物（NO、NO_2、NO_3、N_2O_5、HNO_3、HONO、HO_2NO_2、PAN、硝酸塩）の総和は総反応性窒素酸化物（NO_y）と

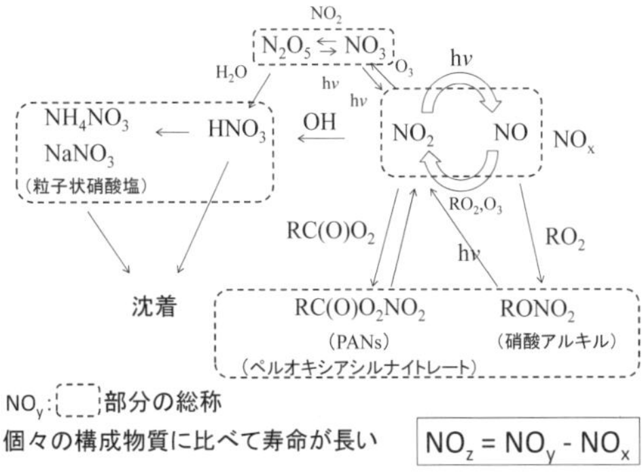

図2.1.16　窒素酸化物の大気化学反応

呼ばれます（図 2.1.16）。NO_y は構成する成分の反応があった場合も生成物が構成成分であった場合、総量は保存されるため、NO_y の寿命は個々の成分に比べて長くなります[1]。富士山頂は地表面の大気の影響を受けにくい自由対流圏に位置し、近傍の地表面で発生した化石燃料の燃焼に由来する窒素酸化物の影響を無視することができ、その山頂は独立峰であることから観測に適した場所です。

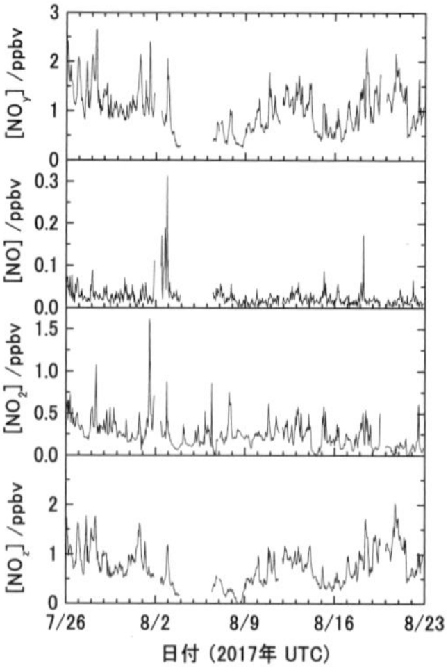

図 2.1.17　富士山頂で観測した 2017 年夏季の窒素酸化物（NO、NO_2、NO_y、NO_z）濃度

3.2.2　越境汚染

著者らは富士山頂にて 2014 年より一酸化窒素（NO）、2015 年より総反応性窒素酸化物（NO_y）、2017 年より独自に開発した分析装置を用いて NO_2 および NO_X が酸化した化合物（NO_Z）の計測を行っています[2]。NO_X や NO_Z 濃度を求めるのに必要な NO_2 濃度は環境分析では一般に化学発光分析法が使用されますが、モリブデン触媒を用いた化学発光分析法では化学干渉が生じることから微量な NO_2 の正確な濃度計測は難しいです。そこで、2017 年の NO_2 濃度の観測には、レーザー誘起蛍光分析装置を用いました。レーザー誘起蛍光法は、大気試料に NO_2 分子の光吸収に共鳴する波長のレーザー光を照射し、電子励起状態に励起した NO_2 分子からの蛍光（590 ～ 2,800nm）を光電子増倍管で直接観測する高感度検出法です。NO_2 固有の吸収波長

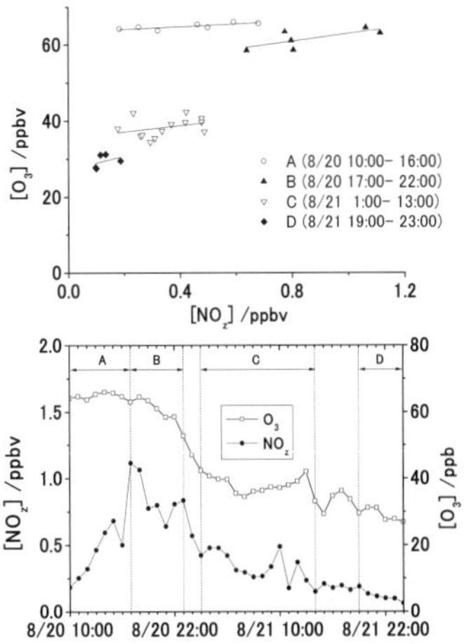

図 2.1.18　富士山頂で観測したNO_zとO_3濃度（下図）およびそれらの相関（上図）

上図のABCDは下図の観測期間と対応している。

を用いるため選択性が高いことからモリブデン触媒を用いた化学発光法に見られるような化学干渉がなく、正確にNO_2濃度を計測することが可能です。2017年夏季の富士山頂におけるNO、NO_2、NO_y、NO_Zの観測結果を図2.1.17に示します。観測期間中の富士山頂に到達した気塊の起源を後方流跡線解析（HYSPLIT Trajectory Model、流跡線は4時間ごとに72時間）により推定し、NO_y濃度と比較しました。気塊の起源を中国・韓国、中国南部、北方地域、太平洋・東シナ海の四つの地域に分類したところ、中国・韓国を起源とする気塊のNO_y濃度が高く、太平洋・東シナ海を起源とするNO_y濃度が低い傾向にあることがわかりました。中国・韓国の大陸由来の気塊は、経済活動により汚染された大気が含まれると考えられることから窒素酸化物濃度が高く、一方海洋由来の気塊は清浄と考えられることから窒素酸化物濃度は低いと考えられます。富士山頂で計測したNO_y濃度の増減は後方流跡線解析から推定される気塊の起源とよく対応していることがわかりました。2017年夏季の富士山頂におけるNO_ZとO_3濃度の拡大図（8月20日10:00から8月21日24:00）と、横軸にNO_Z濃度、縦軸にO_3濃度を示した相関を図

2.1.18に示します。相関図では図2.1.18に示したABCDの四つの期間ごとにそれぞれ分けてプロットし、最小二乗法による近似直線を示しました。期間ごとのNO_Z濃度とO_3濃度は相関を示し（相関係数；A；0.79、B；0.72、C；0.35、D；0.38)、それぞれの期間で同じ起源をもつ気塊であると考えられました。しかしながら、近似直線の傾きが期間ごとに異なりました。この傾きはオゾン生成効率（Ozone Production Efficiency：OPE）と呼ばれ、大気中の化学反応によりNO_X 1分子が生成したO_3の分子数を表し、NO_XによるO_3生成速度のパラメータとなります[3)]。

$$OPE = \frac{\Delta [O_3]}{\Delta [NO_Z]} \quad \text{(式 1)}$$

NOはO_3と反応してNO_2を生成し、生成したNO_2は太陽光によりNOへ光分解され、その際O_3を生成します。しかしながら生成したO_3は再びNOと反応して消失するため正味でのオゾン生成はありません。(式2～式4)。

$$NO + O_3 \rightarrow NO_2 + O_2 \quad \text{(式 2)}$$

$$NO_2 + h\nu \rightarrow NO + O(^3P) \ (\lambda < 420nm) \quad \text{(式 3)}$$

$$O(^3P) + O_2 + M \rightarrow O_3 + M \quad \text{(式 4)}$$

RO_2ラジカルもNOをNO_2へと酸化します。ラジカルとは、不対電子をもつ化学種であり、反応性が高い物質です。しかしこの反応では、NO_2の再生にO_3を消費しないことから、一連の反応により正味のO_3生成をもたらすこととなります（式5)。

$$NO + RO_2 \rightarrow NO_2 + RO \quad \text{(式 5)}$$

このようにNOとNO_2は反応を行いながらオゾンを生成するもののNO_Xも最終的には酸化されてNO_Xによるオゾン生成サイクルを終了させる硝酸といった化合物となります。

後方流跡線解析より中国・韓国由来と推定された気塊であるA、

B、CのOPEはそれぞれ3.5±1.2、10.1±4.9、8.4±6.9、海洋由来の清浄な気塊と推定したDのOPEは、17.9±25.3と得ました。A、B、Cはともに中国・韓国由来と推定されたものの、中国・韓国に分類された地域の中で由来が異なる気塊と考えられました。現在示されている汚染気塊のOPEは1～7、清浄気塊では10～25の範囲であり、今回計測した富士山頂でOPEと気塊の起源の推定結果は、これらOPEとよく対応しました。富士山頂にてNO_Xの酸化物質であるNO_Zを計測することでO_3生成速度のパラメータとして重要である気塊ごとのOPEを得ることができ、越境汚染の詳細な解析への知見となります。

3.2.3　LNO_Xについて

窒素酸化物の重要な発生源の一つとして雷による大気化学反応が挙げられます。雷により大気中に含まれる窒素分子と酸素分子が関連した化学反応が引き起こされ一酸化窒素（NO）が生成します。

従来雷により発生した窒素酸化物（LNO_X）は航空機により観測されてきました。しかしながら航空機観測は、実施頻度が少なく、また観測実施の際に雷が必ずしも発生しないことからLNO_Xの観測データは限られていました。近年人工衛星によるLNO_Xの観測がなされ、その結果からLNO_Xの発生量が推定されています。衛星観測は広域的な観測が可能である利点があるものの、LNO_Xの量にはいまだ大きな誤差があります。LNO_Xの見積り誤差の原因の一つとして、LNO_Xの観測データが不足していることが挙げられます。雷は高い高度にて発生するため、LNO_Xを地上にて計測することは難しいことでした。これは地上付近では、化石燃料の燃焼により生成する窒素酸化物が多く発生するため、LNO_Xと区別することが難しかったためです。したがって、地上観測にて、LNO_Xを計測・評価する手法を確立することができれば、観測データを積み重ねることで、LNO_Xの発生量の見積り誤差を低減することが可能となります。

前述のように富士山頂は地表面の大気の影響を受けにくい自由対流圏に位置し、近傍の地表面からの化石燃料の燃焼に由来する窒素酸化物の影響をほぼ無視することができます。さらに一酸化炭素（CO）は化石燃料の燃焼により生成しますが、雷により生成しない

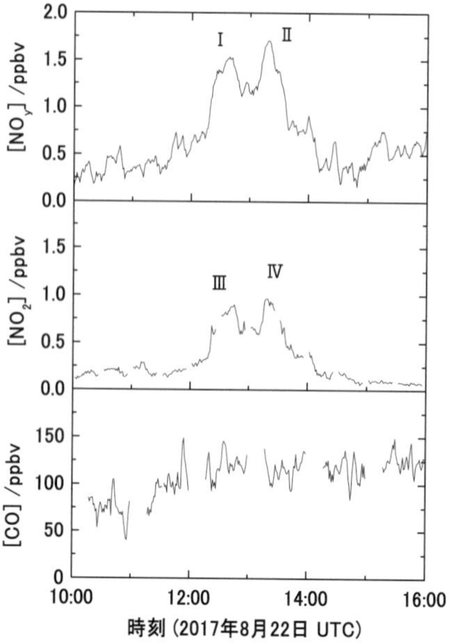

図2.1.19　2017年8月22日10:00-16:00に取得したNO_y、NO_2およびCO濃度

NO_yとNO_2のピーク（ⅠⅡⅢⅣ）が観測された時間に、COのピークは観測されなかった。COのピークは増加していないことから化石燃焼由来のピークではないことが示唆され、モデル計算と合わせてピーク（ⅠⅡⅢⅣ）は雷由来と推定した。

ことから、CO を同時に計測することで LNO_X を長距離輸送された化石燃料燃焼由来の窒素酸化物と区別することができます。著者らは雷の発生した時刻位置情報（World Wide Lightning Location Network）と後方流跡線解析（HYSPLIT Trajectory Model）、およびモデル計算を用いて、地上観測における LNO_X の定量的な観測に成功しました[4)]。2017 年の LNO_X 観測例を図 2.1.19 に示します。ここで雷 1 flash あたりに生成する LNO_X 発生量を 660±270 mol/flash と推定し、また雷により発生した LNO_X が輸送される間に NO_X から NO_Z へ変換される大気化学反応過程を数値計算から明らかにしました。LNO_X が発生・輸送されたのが夜間であったことから NO_2 の光分解が起こらず、NO_Z への変換が進んだことが示されました。今後、富士山頂での地上観測による LNO_X 計測例を積み重ねることで、地球規模での LNO_X の発生量と時間変動を正確に見積もることが期待できます。

3.2.4　まとめ

以上、富士山頂における窒素酸化物の観測結果の概要について述べました。富士山頂の環境は厳しく、かつ筆者らは夏季に 1 か月ほどしか観測できないため、検討が十分に進まない難しさがあります。しかし富士山頂は、越境汚染や LNO_X の観測が可能であるなど、貴重な観測地点です。

3.3　酸性物質

竹内政樹・大河内博

3.3.1　なぜ酸性ガスを測るのか？

越境大気汚染という概念は、1970 年代のヨーロッパや北米の大陸内における酸性雨問題に由来します。工業地帯から排出された硫黄酸化物などの汚染物質を取り込んだ酸性雨が風下に位置する国や地域に甚大な被害を与え、国境を越えた環境問題として認識されるようになりました。1990 年代に入ると、東アジアを対象とした長距離輸送モデルの開発が進み、経済発展の著しい東アジアの酸性雨に世界の関心が向けられました。酸性雨は、河川や湖沼、土壌を酸性化して生態系に悪影響を与えるほか、金属や大理石、コンクリートなどを腐食して建造物や文化財にも被害を与えます。また、酸性雨の原因物質である酸性ガスは、鼻粘膜に対する刺激症状、呼吸器系の炎症などを引き起こし、人体や気候への影響が懸念される $PM_{2.5}$ の生成にも深く関与しています。したがって、酸性ガスをモニタリングしてその実態を把握することは、越境大気汚染の問題を解決していく上でとても重要です。

3.3.2　酸性ガスをどうやって測るのか？

一般的な水溶性酸性ガスの捕集法として、フィルターパック法と呼ばれる手法があります（図 2.1.20）。この方法は、安価で簡易であるため広く使用されていますが、時間分解能（観測対象のガス濃度の変化を捉える最短の時間間隔のこと。最短時間間隔が短いほど時間分解能が高く、刻々と変化するガス濃度が追跡可能）が低く、捕集した試料を実験室にもち帰って分析するため、その工程で試料

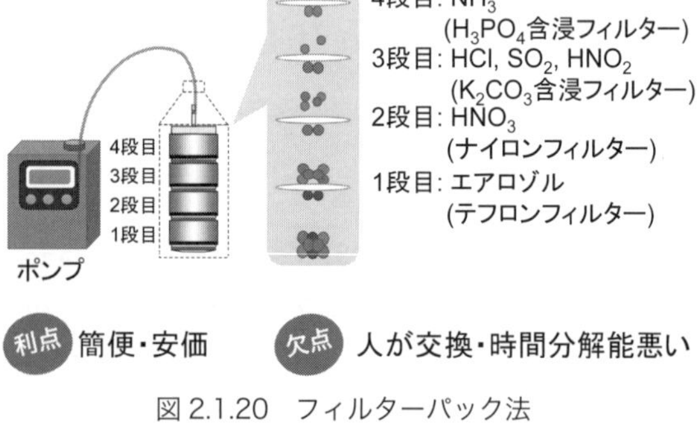

図 2.1.20　フィルターパック法

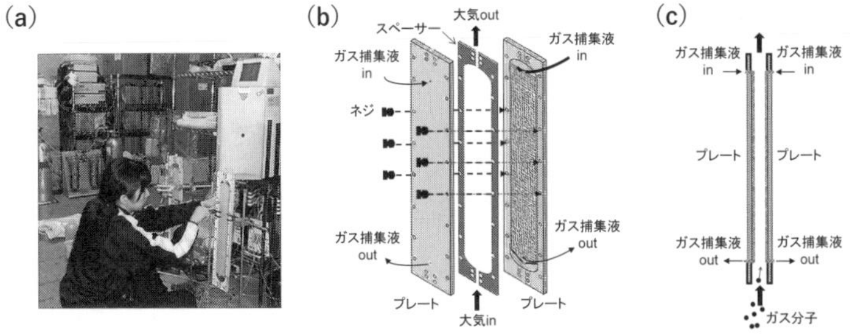

図 2.1.21　自作の水溶性酸性ガス連続捕集器（ウエットデニューダー）

(a) ウエットデニューダーを用いたオンラインガス分析システムを富士山頂の観測所に設置する様子。(b) ウエットデニューダーの概略図。(c) ウエットデニューダーによるガス捕集の概念図。大気中のガス分子は、2 枚のプレートの隙間を下から上に向かって流れる途中で、捕集器の内壁に沿って流れるガス捕集液に衝突・捕集され、イオンクロマトグラフに送られる。

が汚染される可能性があります。

一方、水溶性酸性ガスの連続捕集器をイオンクロマトグラフ（溶液中のイオン成分を分離して検出する装置）などの分析装置と組み合わせることにより、リアルタイムでその濃度を把握することができます（図 2.1.21）。オンラインにすることで、高時間分解能（短時間間隔）観測が可能となり、実験室にもち帰ることなく分析するので、輸送時の汚染を受けずに正確な観測が期待できます。私たちは、ウエットデニューダーと呼ばれる連続捕集器を自作し、イオンクロマトグラフと組み合わせることで、大気中水溶性酸性ガスを高い時間分解能で連続観測できるシステムを開発しました。

ここでは、ウエットデニューダーを用いた水溶性酸性ガス分析システムを富士山頂（標高 3,776m）の富士山測候所（現在、富士山特別地域気象観測所）と、富士山南東麓の御殿場口の太郎坊ベース（標高約 1,300m）に設置し（図 2.1.21(a)）、大気中の水溶性酸性ガスをオンラインで観測した結果の一例を紹介します。

3.3.3　大気中水溶性酸性ガスを常時監視する最先端技術

図 2.1.21(b) に示すように、ウエットデニューダーは、主に両端のアクリル樹脂製プレートとテフロン製スペーサー（プレートとプレート間に一定の隙間を確保するために挟み込む板状の部品）で構成されています。ウエットデニューダーによる水溶性酸性ガス捕集時の概念図を図 2.1.21(c) に示します。吸引ポンプで引き込まれた空気は、プレート間を下方から上方に向かって流れます。その際に、空気中での拡散の度合いが大きな水溶性酸性ガスは、プレートの内壁に沿って上から下に流れるガス捕集液に衝突して捕集されます。ウエットデニューダーの内壁の表面はガス捕集液による濡れ度を上げるために、特殊な微細加工が施されています。そのため、ウエットデニューダーにより、水溶性酸性ガスをほぼ100%捕集することが可能です。ガス成分を捕集した捕集液はイオンクロマトグラフに送液され、分析される仕組みとなっています。

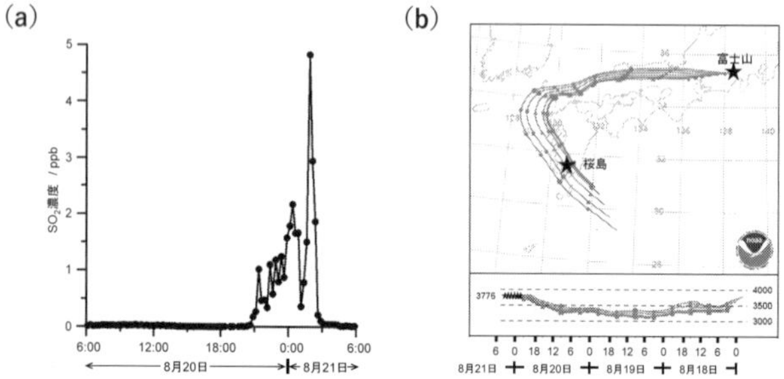

図 2.1.22　2013年の夏季に富士山頂で行われた大気観測キャンペーンにおける二酸化硫黄（SO_2）の観測結果

(a) SO_2 濃度の経時変化。縦軸の ppb は 10 億分の 1（parts per billion）を意味し、大気中におけるガスの濃度の単位に用いられる。(b) 米国海洋大気庁の HYSPRIT Model による富士山頂に流入した気塊の後方流跡線解析。図中の流跡線上のシンボルは 6 時間ごとにプロットされている。

3.3.4　桜島から放出された火山ガスを富士山頂で捉えた

富士山頂における水溶性酸性ガス観測結果の一例として、2013 年の夏季（8 月 20 日から 21 日まで）に得られた二酸化硫黄（SO_2）のデータを図 2.1.22(a) に示します。SO_2 は、代表的な大気汚染物質の一つとして大気汚染防止法で監視の対象となっている水溶性酸性ガスです。図 2.1.22(a) の横軸が観測時刻、縦軸が大気中 SO_2 濃度を示しています。時間分解能は 15 分です。8 月 20 日午後 9 時頃までは、SO_2 濃度が 0.1ppb 以下で推移しており、比較的清浄な気塊が富士山頂に流入したことがわかります。しかし、午後 9 時頃を境に SO_2 濃度は急上昇し、翌朝 3 時前には約 5ppb に達しています。この観測時刻に富士山頂に流入した気塊の後方流跡線解析（気塊がどこからきたのかを時間を遡って追跡する方法で、風向、風速、気温などの気象データから計算されます）を行うと、桜島上空を通過してきたことがわかりました（図 2.1.22(b)）。桜島では、8 月 18 日の夕方に大規模な爆発的噴火があり、このときの噴煙は火口縁上 5,000m に達しています。桜島の噴煙には多量の SO_2 が含まれていることから、富士山頂で観測された高濃度の SO_2 は、直線距離で 850km も離れた桜島から輸送されてきたものと考えられます。ここで観測された SO_2 は越境汚染物質を捉えたものではありませんが、火山噴火も自由対流圏大気という地球大気環境に重要な影響を与えていることが、富士山頂における大気観測からわかるのです。

3.3.5　富士山麓で大気中酸性物質のガス・粒子別同時高時間分解能観測に成功

次に、2018 年夏季（7 月 19 日から 21 日まで）に富士山南東麓の御殿場口の太郎坊ベースで、大気中酸性物質をガスと粒子に分けて高時間分解能（短時間間隔）観測を行った結果を紹介します。水溶性酸性ガスとして塩化水素（HCl）、亜硝酸（HONO）、硝酸（HNO_3）

および SO_2、$PM_{2.5}$ に含まれる陰イオンとして塩化物イオン（Cl^-）、亜硝酸イオン（NO_2^-）、硝酸イオン（NO_3^-）および硫酸イオン（SO_4^{2-}）も同時に観測しました。大気中酸性物質は、気象条件や化学反応によって短時間にガス⇔粒子に変化しますので、その実態解明には高時間分化能のリアルタイム観測が有効なのです。なお、御殿場口の太郎坊ベースは標高約1,300mですが、山間部としてはアクセスが容易であり、直接的な大気汚染の影響を受けにくい、地上部の地域バックグランド大気（ある地域において、特定排出源の影響を受けていない大気）の実態把握に適した観測地点です。

観測期間中の水溶性酸性ガスの平均濃度は、HONO（3.5nmol m^{-3}）>HNO_3（1.2nmol m^{-3}）>HCl（1.1nmol m^{-3}）>SO_2（0.33nmol m^{-3}）であり、粒子状物質に含まれる陰イオンでは SO_4^{2-}（4.5nmol m^{-3}）>NO_3^-（4.3nmol m^{-3}）>Cl^-（3.6nmol m^{-3}）>NO_2^-（0.65nmol m^{-3}）の順でした。この結果から、亜硝酸はガスとして主に存在していますが、硫酸、硝酸、塩酸は主に粒子状物質として存在していることがわかりました。

私たちは、富士山南東麓における雨水の特徴として、酸性化には硫酸よりも硝酸の寄与が大きいことをこれまでに明らかにしてきました。今回の観測から、大気中硝酸ガス濃度の平均値は二酸化硫黄濃度の約4倍高いことがわかりました。また、ヘンリー定数（液体に対するガスの溶解度を示す数値。単位を M atm^{-1} とする場合、数値が大きいほど溶解度は高い）も硝酸ガスの方がとても大きくなっています（HNO_3：2.1×10^5M atm^{-1}、SO_2：1.2M atm^{-1}）。したがって、富士山南東麓における雨水の酸性化に硝酸が大きく寄与しているのは、富士山南東麓で大気中硝酸ガス濃度が高いためであることがわかりました。

3.3.6　大気中酸性物質濃度は空気がどこから運ばれてくるのかに依存する

富士山南東麓における水溶性酸性ガスの観測は 2012 年夏季にも行いました。このときの大気中濃度の平均値は、硝酸ガスで 6.5nmol m^{-3}、二酸化硫黄で 16nmol m^{-3} でした。これらの観測値を 2018 年夏季と比べると、硝酸ガスおよび二酸化硫黄ともに 2018 年に低濃度でした。この原因として、富士山南東麓に流れ込んだ空気塊の違いが考えられます。そこで、2018 年の観測期間中に流入した気塊を後方流跡線解析したところ、太平洋および日本内陸部（頻度：12%）と太平洋（88%）の二つに分類されました。いずれも太平洋側から移流した気塊であり、東アジア地域側からの気塊はありませんでした。したがって、2018 年夏季の観測では、海洋からの比較的清浄な気塊が流入していたため、2012 年夏季のデータに比べてかなり低濃度の HNO_3 と SO_2 が得られたと考えられます。

3.3.7　まとめ

ここでは、富士山頂、富士山南東麓の夏季における大気中酸性物質のガス・粒子別同時高時間分解能観測の一例を紹介しました。越境大気汚染の実態解明には冬季から春季も含めた通年常時監視が必要です。将来的には、無人観測システムの開発が求められますが、解決すべき課題が山積しています。

3.4　有害化学物質　大河内博・緒方裕子・勝見尚也・島田幸治郎・皆巳幸也

3.4.1　はじめに

大気環境中には微量でも長期間摂取することにより、人の健康や生態系へ悪影響を与えるおそれのある有害化学物質が数多く存在します。有害有機汚染物質の代表例としては、ベンゼン、ジクロロメタンなどの揮発性有機化合物（Volatile Organic Compounds：

VOCs)、アントラセン、ピレンなどの多環芳香族炭化水素（Polycyclic Aromatic Compounds：PAHs)、ジクロロジフェニルトリクロロエタン（Dichloro Diphenyl Trichloroethane：DDT)、ダイオキシン類、ポリ塩化ビフェニル（Polychlorinated Biphenyl：PCB）などの残留性有機汚染物質（Persistent Organic Pollutants：POPs)、そして、パーフルオロオクタン酸（Perfluoro Octanoic Acids：PFOA）やパーフルオロオクタンスルホン酸（Perfluoro Octane Sulfonates：PFOS）などの過フッ素化合物類（Perfluorinated Chemicals：PFCs）などです。VOCsは大気中でオゾン生成や$PM_{2.5}$生成に関与するとともに、ベンゼンやトリクロロエチレンのように発がん作用などを有するものや、四塩化炭素や1,1,1-トリクロロエタンのように成層圏オゾン層破壊や地球温暖化に関与するものがあります。

代表的な有害微量無機物質としては重金属がありますが、重金属はエアロゾルに含まれています（第2部第1章2.2.1)。重金属のうち常温で唯一気体として存在するのが水銀です。ガス状水銀は火山噴火によって大気中に放出されますが、人為的には石炭燃焼や金採掘場から放出されています。水銀はかつて四大公害病の一つである水俣病を引き起こした物質です。水銀が生態系に放出されてメチル水銀という有機態に変化すると人体に蓄積されて様々な障害を引き起こします。

大気中で分解されにくい有害化学物質は地球全体を循環しながら汚染を引き起こし、微量であっても生態系に蓄積されていきますので影響を無視することができません。ここでは、私たちが富士山頂で観測してきたVOCs、PAHs、ガス状水銀、PFCsについて紹介します。

3.4.2　富士山頂は越境大気汚染を早期発見し、上空から運ばれてくる大気汚染物質の検出も可能

富士山頂が位置する自由対流圏は風速が強く、日本上空では偏西風が吹いています。自由対流圏は地上部の影響を受けにくいきれいな空気層ですが、いったん大気汚染物質が運ばれると、強風によって運ばれ、地球規模の大気汚染を引き起こします。現在、様々な大気汚染物質の世界最大の排出国は中国です。日本は中国の風下に位置していますので、その影響を常に受けています。つまり、富士山頂で有害有機物質を常に監視することができれば、アジア大陸から放出された大気汚染による地球規模汚染を早期に検知することができます（図 2.1.13）。

富士山頂には、自由対流圏上部もしくは成層圏下部など上空から空気塊が運ばれてきます。成層圏にはオゾンが高濃度に存在してい

図 2.1.23　地球大気観測タワーとしての富士山

ますので、上空から空気塊が運ばれてくるときにはオゾンが高濃度になります（第2部第1章3.1）。都市部など地上付近まで降りてくることもありますが、都市部ではもともと大気汚染物質濃度が高いのでその影響を検知することは困難です。上空大気の汚染源として

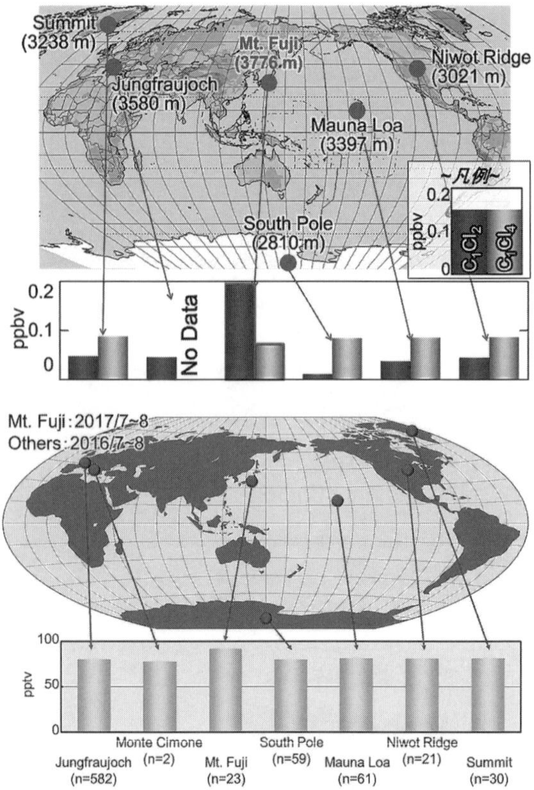

図 2.1.24　富士山頂と世界におけるバックグラウンドサイトの大気中ジクロロメタンと四塩化炭素濃度の比較

想定されるのは航空機排ガスです（図 2.1.23）。航空機燃料燃焼量は典型的な巡航高度である 9 ～ 12km で高いことは知られており、自由対流圏大気に及ぼす影響は無視できません。日本の航空機燃料燃焼量は米国に次いで世界第二位です。航空機排ガスの大部分は窒素と酸素であり、二酸化炭素排出量は全排出量の 3％に過ぎず、窒素酸化物を含む大気汚染物質は 0.4％に満たないという報告はあります。

3.4.3　温室効果ガスと成層圏オゾン層破壊物質

南極におけるオゾンホールは減少傾向にあるものの、その傾向は鈍化しており、その要因として、未把握の四塩化炭素の排出源や未規制のジクロロメタン濃度の増加が注目されています。

図 2.1.24 には富士山頂で観測した大気中ジクロロメタン（CH_2Cl_2；図中の凡例は C_1Cl_2）と四塩化炭素（CCl_4；図中の凡例は C_1Cl_4）濃度を世界のバックグラウンドサイトとの比較を示しています。上図は富士山頂における 2012 年夏季の観測値、下図は 2017 年夏季の観測です。ジクロロメタンは 2012 年のみ示しています。2012 年、2017 年とも富士山頂における大気中四塩化炭素濃度は世界のバックグラウンドサイトとほぼ等しく、四塩化炭素は地球大気全体に均一に広がっていることがわかります。一方、ジクロロメタンは富士山頂で濃度が非常に高いことがわかります。

3.4.4　発がん物質

PAHs の中でベンゾ〔a〕ピレンの発がん性が最も高く、都市大気では世界各地で観測されています。また、地球規模汚染も引き起こすことから北極でも観測されています。図 2.1.25 に、私たちが観測した新宿（都市大気）、多摩（郊外森林大気）、富士山麓（山間部森林大気）、富士山頂（自由対流圏大気）における大気中ベンゾ〔a〕ピレン濃度を国内外の観測値と比較しています。世界的にはアジア、

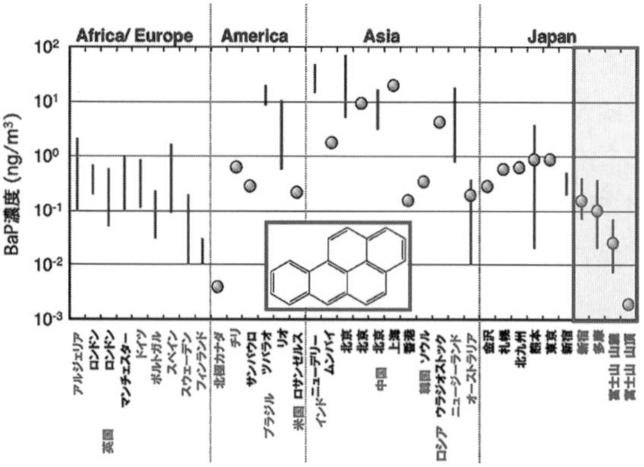

図 2.1.25　富士山と世界における大気中ベンゾ〔a〕ピレン濃度の比較

特に中国で高濃度であり、北米、南米、欧州（北欧除く）、韓国、国内各地域、新宿、多摩は同レベルであることがわかります。一方、富士山麓は北欧と同程度であり、富士山頂では北極圏と同程度に低いことがわかります。ただし、富士山頂でもアジア大陸から汚染空気塊が輸送されてくると高濃度になります。

3.4.5　残留性有機汚染物質（POPs）

過フッ素有機化合物（Perfluorinated Chemicals：PFCs）は化学的に安定で表面活性と耐温性能を有しており、撥水撥油剤、界面活性剤、表面処理剤、半導体用反射防止剤、金属メッキ処理剤、防汚剤などとして様々な分野で幅広く利用されています。しかし、環境残留性や生体蓄積が明らかにされ、飲用水や室内環境で高濃度に検出されていることから、国際的な規制が始まっています。欧米では2006年にペルフルオロオクタンスルホン酸およびその塩（PFOS）の生産と使用を制限し、国内では2010年に第一種特定化学物質に指定され、製造および輸入が許可制となっています。2019年にペ

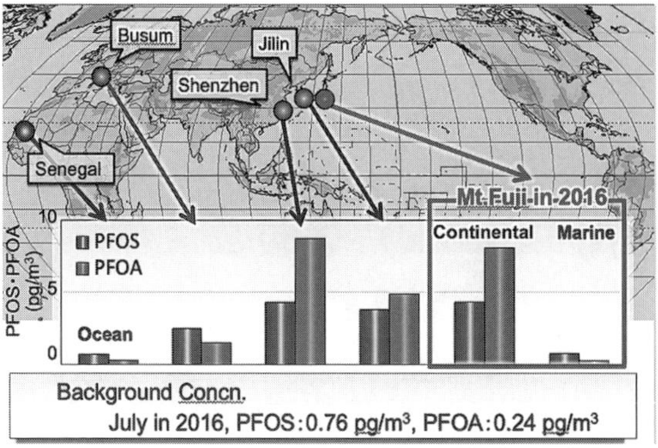

図 2.1.26　富士山と世界における大気中 PFOS および PFOA 濃度の比較

ルフルオロオクタン酸およびその塩（PFOA）はストックホルム条約（POPs 条約）の廃絶すべき化学物質に指定され、国内では 2021 年に第一種特定化学物質に指定されました。

図 2.1.26 には、2016 年夏季に富士山頂で観測した大気エアロゾル中 PFOS および PFOA 濃度を示しています。バックグラウンドサイトと考えられるセネガル沿岸部では PFOS および PFOA 濃度ともに極めて低濃度です。ドイツ北部沿岸部ビューズム（Büsum）では、PFOS 濃度が PFOA 濃度より高い傾向にありました。一方、中国の深圳や吉林省では PFOS および PFOA 濃度が欧州よりも高く、PFOA が PFOS よりも高濃度でした。富士山頂の大気中濃度および組成は深圳と類似しており、アジア大陸からの輸送を示唆しています。ただし、PFOS および PFOA 濃度の計測は 2016 年のみであり、今後の研究が必要です。

3.4.6　ガス状水銀

大気中水銀は 95％以上がガス状で存在していることが知られて

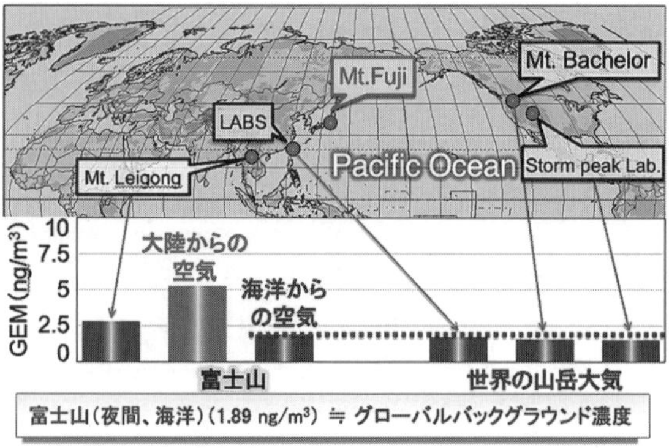

図 2.1.27　富士山と世界における大気中ガス状元素状水銀濃度の比較

います。元素状水銀であるため GEM（Gaseous Elemental Mercury）と言われています。GEM は化学的に不活性であり、水にも溶けにくいことから大気中に 1 年から 2 年程度存在しているため、地球規模の汚染を引き起こします。アジアが世界の GEM 放出量の約 5 割を占めており、中国だけで 3 割を占めています。図 2.1.27 には、富士山頂で夏季に測定した GEM 濃度を空気塊の運ばれてくる方向で大陸と海洋に分け、世界のバックグラウンドサイトと比較しています。海洋から空気塊が運ばれてくるときにはほぼ世界のバックグラウンドサイトと同程度ですが、大陸から空気塊が運ばれてくるときには約 3 倍高いことがわかります。これはアジア大陸で放出された水銀が越境輸送されてきたことを示しています。

3.4.7　富士山頂で航空機排ガスの影響があるのか？

航空機から富士山を眼下に眺めたことがある方はたくさんおられるのではないでしょうか。航空機は富士山のはるか上空を飛んでいますので、富士山頂に航空機排ガスが運ばれているとはなかなか想

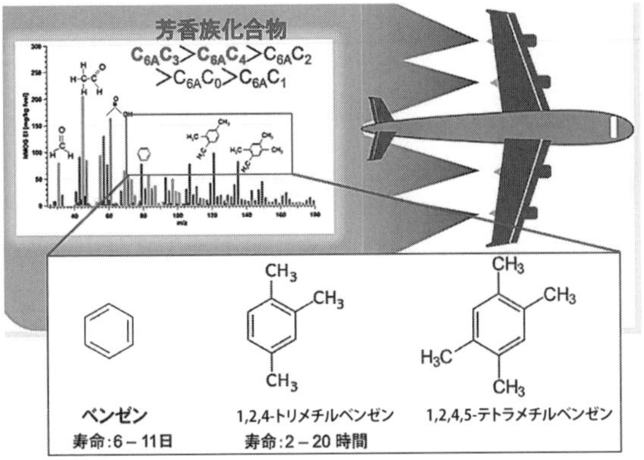

図 2.1.28　航空機排ガスに含まれる揮発性有機化合物

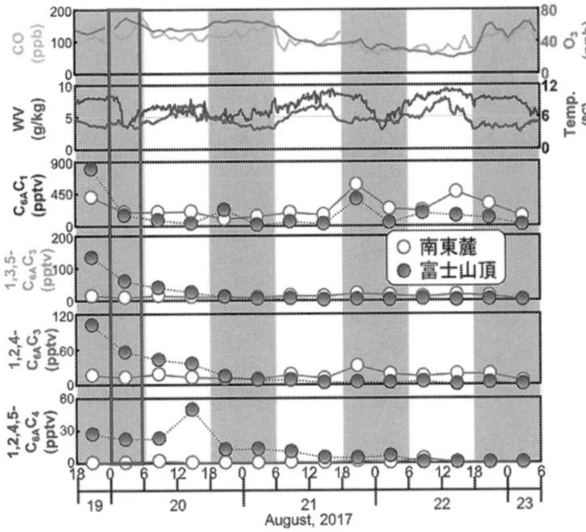

図 2.1.29　富士山頂におけるベンゼン類濃度の経時変化

像ができません。そこで、航空機排ガスに含まれる揮発性有機化合物を調べることによって（図 2.1.28）、航空機排ガスの影響が富士山頂に及んでいるのかどうか調べてみました。

2017年8月19日から23日に富士山頂と富士山麓の太郎坊ベース（標高約1,300m）で大気中ベンゼン、トリメチルベンゼン、テトラメチルベンゼンを同時に測定しました。図2.1.29にベンゼン類濃度の経時変化を気温、水蒸気濃度、COおよびO_3濃度とともに示しています。富士山頂は自由対流圏にあり、地上からの汚染空気の影響を受けにくいので、通常は富士山麓で大気汚染物質は高濃度になります。ところが、8月19日から20日にかけて、トリメチルベンゼン、テトラメチルベンゼン濃度は富士山麓よりも富士山頂で高く、上空に排出源があることを示していました。8月20日0:00～6:00はO_3濃度の上昇、CO濃度および水蒸気濃度の低下が見られ、空気塊は上空4,000m以上から運ばれていました。図2.1.28に示すように、トリメチルベンゼン、テトラメチルベンゼンは航空機排ガスに含まれていますので、上空を巡航する航空機排ガスから運ばれてきている可能性があります。年間を通じて富士山頂で観測を行うことが可能となれば、航空機排ガスの影響を明らかにすることができるかもしれません。将来の課題です。

3.5　雲を監視する　大河内博・緒方裕子・勝見尚也・島田幸治郎・皆巳幸也

3.5.1　はじめに：雲の種類

童謡“ふじの山”で「あたまを雲の上に出し♪」と歌われているように、富士山頂から眼下を見渡すと雲海が広がっています（図2.1.30上）。雲海とは、層雲、層積雲、積雲など高度2km付近に浮かぶ下層雲のことです。雲は発生する高度によって上層雲、中層雲、下層雲に分類されます。下層雲は水雲ですが、上層雲は氷晶雲（氷の結晶からなる雲）です。層雲は一般に霧と呼ばれています。

一方、富士山周辺には笠雲、つるし雲など富士山によって発生する不思議な形をした雲があります（図2.1.30中・下)。笠雲とつるし雲は昔から観天望気のよい指標になっています。笠雲とつるし雲が同時に現れると、雨が降る確率は80％を超えると言われます。

図 2.1.30　富士山周辺で観測される雲

3.5.2　雲が白や灰色に見えるわけ

登山者は、雲に覆われて周囲が白く見えてくると、「ガスってきた」と言いますが、雲はガス（水蒸気）ではありません。雲は、湯気と同様に、気体（水蒸気）ではなく水蒸気が冷えてできた水滴です。太陽光の中で、人間が色として認識できる光（可視光線）の波長は0.4μm（紫）～0.8μm（赤）の電磁波（光）です。雲を構成する水滴（雲粒）の直径は平均的に10μmくらいとすべての可視光線よりもわずかに大きな粒子です。このような粒子（雲粒）に可視光線があたるとミー散乱が生じます。ミー散乱では可視光のどの波長も同じような強度で散乱されます。その結果、眼に入ってくる散乱光はどの波長でもほぼ均等となるので、雲は無彩色（白色や灰色）に見えるのです。多くの雲は白く見えますが、頭上にある厚い雨雲は灰色に見えます。この違いは、太陽と雲と私たちの位置関係と厚さの違いで生じます。頭上に厚い雨雲が

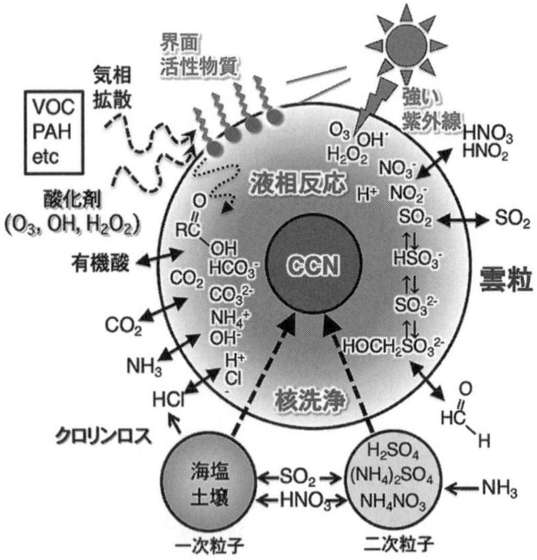

図 2.1.31　雲粒の生成と化学特性

あると、太陽からの可視光線は雲粒でミー散乱しながら私たちに向かって進みます。雲が厚いと、私たちに到達するまでに繰り返す散乱の回数が多くなり、何度も散乱している間に干渉や吸収によって私たちのところに到達する光は非常に少なくなってしまいます。その結果、非常に暗くなり、雲が灰色に見えます。

3.5.3　雲は地球を冷やし、化学反応を促進して、気候変動を引き起こす

気候変動に関する政府間パネル（Intergovernmental Panel on Climate Change：IPCC）は、2021 年 8 月 9 日に発表した第 6 次評価報告書で、人間活動の影響が地球を温暖化させたことに疑う余地はないと指摘しています。二酸化炭素（第 2 部第 5 章 1.）などの温室効果ガスは地球を温めるはたらきがありますが、エアロゾルや雲は太陽光を反射して地球を冷やすはたらき（冷却効果）があります。

ただし、雲には温室効果もあり、地球温暖化の将来予測において雲の影響にはかなり不確実性があります。

雲は水滴であると述べましたが、雲は純水ではありません。正確には様々な化学物質が溶け込んだ溶液滴（図 2.1.31）または氷晶です。雲粒はエアロゾルを核（Cloud Condensation Nuclei：CCN）として生成するので、エアロゾルに含まれる様々な化学物質が雲粒に溶け出します。SO_2（第２部第１章 3.1）や、NO_X から生成した HNO_3（第２部第１章 3.2）などのガスも溶け込みます。つまり、雲には大気中のエアロゾルやガスを溶かして濃縮するはたらきがあるのです。物質濃度が濃くなると化学反応も起きやすくなります。雲が発生していると地上は太陽光が遮られるので曇っていますが、雲の上部は常に太陽光があたっているので光化学反応が起きます。つまり、雲は様々な化学反応が起こる場所なのです。

$PM_{2.5}$ などの粒子が増えると、お互いに水蒸気を奪い合うので小さい雲粒が多数できて雨が降りにくくなります。空気がきれいな外洋では、船舶から排出される $PM_{2.5}$ によって航路上に雲が発生して雷発生が増加するという報告もあります。また、石けんのように水に溶け込みやすい部分（親水基）と溶け込みにくい部分（疎水基）をもつ有機化合物質（界面活性物質と呼びます）は雲粒の表面に集まりやすく、有機層の薄膜を作るので雲粒の成長を止めてしまいます。小さい雲粒は太陽光を反射しやすく、地球を冷やすはたらきが大きくなります。小さい雲粒が多数生成すると雨を降りにくくしますが、大量の水が雲粒として大気中に存在することになるので、雨が降り出すと一挙に激しく降ります。つまり、大気汚染物質は雲を介して地球の水循環や放射収支（地球表面が太陽光から受け取るエネルギーと、地表面から逃げ出すエネルギーの差）を変化させて、気候変動を引き起こすのです。

3.5.4　雲は重要な水分と栄養塩の供給源だが、大気汚染物質が溶け込むと環境影響が大きい

登山をしたときに、森の外で雨が降っていないのに、森の内部で水滴が滴り落ちている音を聞いたり、見たりしたことはないでしょうか。これは雲粒が森林の樹冠（枝や葉の部分）に衝突したものです。樹雨（きさめ）、あるいは、オカルト降水と呼ばれ、山間部の森林生態系では重要な水や栄養塩の供給経路になっています。“オカルト（Occult）”は超自然的な、神秘的なという意味ではなく、“隠された（Hidden）”という意味です。雨量計では観測できない降水現象を指します。他に、露や霜などもオカルト降水になります。

大気汚染物質が雲に溶け込んで樹木に付着するとダメージを与えることになります。酸性物質が溶け込んで生成した“酸性霧”によって森林衰退が起きているのではないかということで、国内でも1990年代に赤城山（標高1,500m）、丹沢大山（標高1,252m）、六甲山（796m）など標高2,000m以下の山間部で調査が行われました。低山では雲よりも霧と呼ぶことが多いようです。このような調査により、雲水では雨水に比べて大気汚染物質を10倍高濃度に含んでおり、植物に悪影響を及ぼすpH3台の霧が頻繁に発生していることがわかりました。丹沢大山ではpH1.95という超強酸性の霧も観測されています。雲粒（霧粒）は雨滴に比べて小さいために重力による落下速度が小さいので浮遊時間が長く、大気汚染物質と接触する時間が長いこと、単位体積あたりの表面積が大きいので大気汚染物質と接触しやすいこと、そして水分量が少ないことにより、雲水は雨水よりも高濃度になるのです。

3.5.5　なぜ富士山頂で雲の化学を調べるのか

雲は空にぽっかり浮かんでいます。雲を捕まえるには、航空機や気球を使うか、山に登るしかありません。航空機は非常に高額です

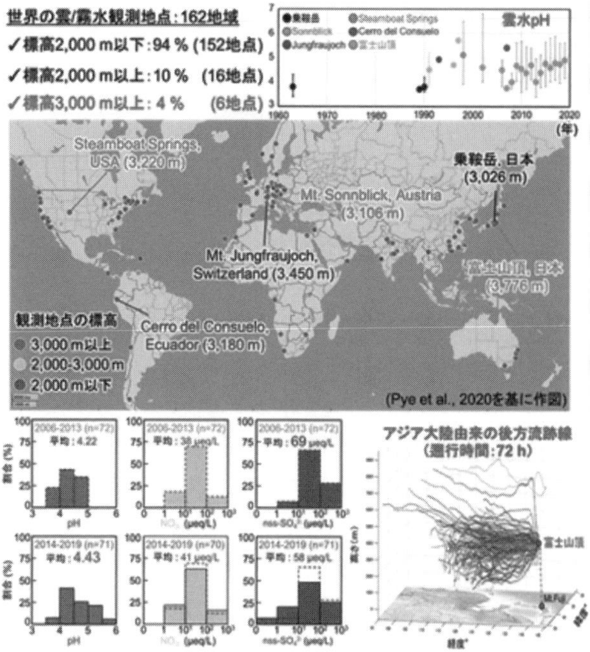

図 2.1.32　1960 年以降の世界の山岳域で雲水化学観測が行われた地域

し、航空機や気球では天候が良いときに限られ、継続的な観測ができません。このため、山を観測タワーと見立てて雲水化学観測が多く行われています。

図 2.1.32 に 1960 年以降の世界の山岳域で雲水化学観測が行われた地域をまとめています。世界 162 地域で雲水化学観測が行われていますが、9 割以上が標高 2,000m 以下です。この標高での観測は、先に述べたように、山間部森林域への水分供給源、栄養塩供給源、あるいは、酸性霧の影響評価のために行われてきたものです。

高度3,000mを超える山岳での雲水化学観測は、国内外を含めて6地点（米国・スチームボートスプリングス、エクアドル・コンスエロ山、スイス・ユングフラウヨッホ、オーストリア・ゾーンブリック、日本・乗鞍岳と富士山）しかありません。これらの観測地点は森林限界以上であり、空気がきれいな自由対流圏高度にあります。富士山頂は雲水化学観測が行われている山岳域の中で世界最高峰です。私たちが富士山頂で雲水化学観測を行う理由は、自由対流圏大気におけるきれいな雲水の化学性状を把握し、汚染がどのような要因によって起こるのかを知るためです。3.5.3で述べたように、雲水化学組成は雲粒の成長に影響を与えますので、気候変動の予測精度向上にも貢献できるのです。

図2.1.32右上図は標高3,000m以上の山岳域で観測された雲水pHを示しています。2000年代から継続している富士山頂の観測が最長です。乗鞍岳の雲水pH観測が世界的に最も古く、1960年代から1990年頃までpHが4を下回る酸性雲が発生しています。一方、海外の自由対流圏高度にある山岳域の雲水pHは4から6に分布しており、比較的高いことがわかります。富士山頂における夏季の雲水pHは、かなりの変動がありますが、近年では増加傾向にあることがわかりました。富士山頂に空気塊が運ばれてくる方向と雲水化学組成との関係を調べてみると、アジア大陸から空気塊が運ばれてくると硫酸によって雲水pHは低下します。図2.1.32左下図を見ると、2006年から2013年までの硫酸イオン平均濃度は69 µeq/Lであったのに対して、2014年から2019年の硫酸イオン平均濃度は58 µeq/Lに減少していました。濃度分布も全体に低濃度側に移行しています。それに伴い、雲水平均pHも4.22から4.43に上昇し、pHも高いほうにシフトしています。一方、雲水内硝酸イオン濃度は2006年から2013年、2014年から2019年の期間で平均的には明瞭

な変化がありませんでした。中国では二酸化硫黄排出量が 2012 年以降に減少していることから、富士山頂における雲水内硫酸イオン濃度の減少と雲水 pH の上昇は中国における大気汚染の改善傾向を反映していると考えることができます。

3.5.6　結びにかえて

自由対流圏大気は清浄であることから、ガスやエアロゾル濃度は地上に比べて低濃度であるため観測が困難です。また、空気を吸引するためにポンプが必要であり、そのための電源が必要となります。雲粒は大気中に存在するガスや粒子を取り込んで濃縮しますが、富士山頂のように森林限界以上で風が強い場所では、電源を使用することなく雲粒を集めることができます。つまり、雲は大気汚染度を簡単に測ることができるリトマス試験紙のようなものです。

欧州では都市大気汚染の改善により霧や靄の発生頻度が減少し、温暖化に寄与しているとの報告もあります。ここで示したように自由対流圏でも大気質が改善傾向にありますが、人類活動由来の温室効果ガスは増加し続けています。今後、大気汚染の改善により、地球温暖化が加速する可能性があります。今後も富士山頂での継続的な観測が重要です。

コラム 12　空飛ぶマイクロプラスチックを富士山頂で捕まえる

海洋プラスチックゴミは持続可能な開発目標（SDGs）にも取り上げられ、プラスチック削減が世界的潮流となっています。日本でも 2020 年 7 月 1 日からレジ袋が有料化されました。しかし、コロナ禍により宅配やテイクアウトが盛んとなり、プラスチック容器ゴミが急増しています。また、使い捨てプラスチック製の不織布マスクの使用も急増しており、不適切管理により新たな環境汚染が広まっています。SARS-CoV-2 ウイルスはプラスチック上では生存期間が長いため、プラスチックゴミが媒介物となり、公衆衛生リスクをもたらしています。

直径5mm以下のプラスチック片を、一般にマイクロプラスチック（Microplastics：MPs）と呼んでいます。海洋生物による誤食が報道されていますが、ヒトも大量のマイクロプラスチックを摂取しています。米国の推計では、食物と呼吸が同程度で年間に合計7万～12万個、ペットボトル水で年間9万個のマイクロプラスチックを摂取しています。飲食によりマイクロプラスチックを摂取しても体内から排出されますが、吸入して肺に達すると長期間体内に留まることになります。実際に、ヒトの肺、妊娠女性の胎盤、ヒトの糞便からもマイクロプラスチックが見つかっています。しかし、空気中に浮遊するマイクロプラスチック（Airborne Microplastics：AMPs）の濃度、形状、大きさ、発生源、健康や環境に与える影響は不明です。世界的にも研究例は限られていますが、都市だけではなく、北極圏やアルプスの氷雪、外洋からも大気中マイクロプラスチックが検出されています。

私たちは、自由対流圏高度にある富士山頂で採取した$PM_{2.5}$にポリプロピレン、ポリエチレン、ポリスチレン、ポリエチレンテレフタレートなどの汎用プラスチックとともに、ポリヒドロキシ酪酸のような生分解性プラスチックが含まれていることを2019年に発見しました。自由対流圏にマイクロプラスチックが存在するということは、大気を通じたプラスチックの地球規模汚染を示しています。最近、河川を通じて海洋に運ばれたプラスチックゴミが破砕されてマイクロプラスチックとなり、海洋から陸域へ年間約14万トンものマイクロプラスチックが飛来しているという報告があります。つまり、プラスチックゴミの終着点は海洋ではなく、マイクロプラスチックとして大気を通じて地球表層を循環していることになります。

プラスチックゴミの最大排出国は中国ですが、日本列島は偏西風の風下にあることから、富士山頂で常時監視を行うことにより、マイクロプラスチックによる地球大気環境の汚染実態を早期発見することができます。

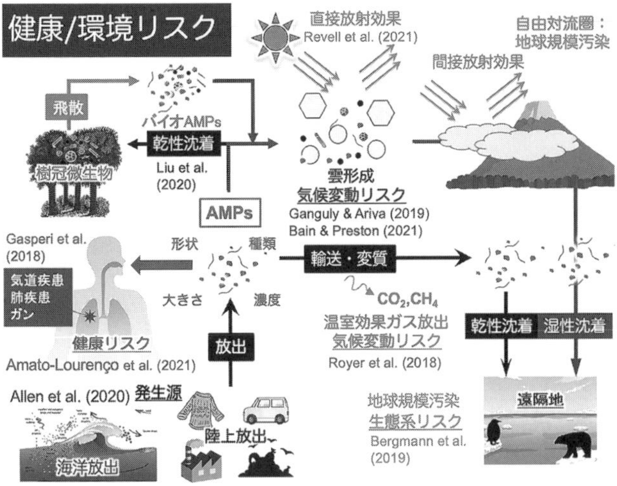

図 2.1.33　大気中のマイクロプラスチック

大河内博

第２章　微生物の観測

1. 富士山におけるエアロバイオロジー　三木健司

大気中には目には見えない微生物や花粉などの生物片が生死に関わらず浮遊しており、富士山頂においても例外ではありません。図2.2.1に示すように微生物はその呼び名通りサイズが極めて小さく、細菌だと平均1μm（マイクロメートル、1mm（ミリメートル）の1,000分の1）、菌類（真菌、カビ胞子）だと平均8μm、ウイルスに至っては最小のもので0.02μm（ただし複数個体あるいは他の微粒子と固まって存在することが多く、結果として数μmの大きさになることが多い）と言われています。この程度の小ささであると、PM_{10}や$PM_{2.5}$のような微粒子と同様に風で容易に長距離を拡散することが可能です（PMについては第2部第1章2.2を参照）。花粉は平均30～40μmと大きいのですが、風で飛ばされやすい形や昆虫や動物などに付着しやすい構造をもつため、予想よりも遠くに拡散することができます。このような特性から、微生物や花粉は上空にまで運ばれやすいものです。上空の偏西風まで到達してしまえば国境を越えて輸送・拡散することも可能であり、大気汚染物質とともに地球上を移動していることは想像に難くありません。さらに大きな視点で見ると、微生物がどのようにして上空に到達し強い紫外線や乾燥などの苛烈な環境下で生存しているのか、というのは惑星および宇宙全体における生命の成り立ち・起源の理解に通じるものです。このように、富士山頂で実施できる上空に浮遊する微生物・花粉の観測には、ただ一つの分野に限られず幅広い意義や面白

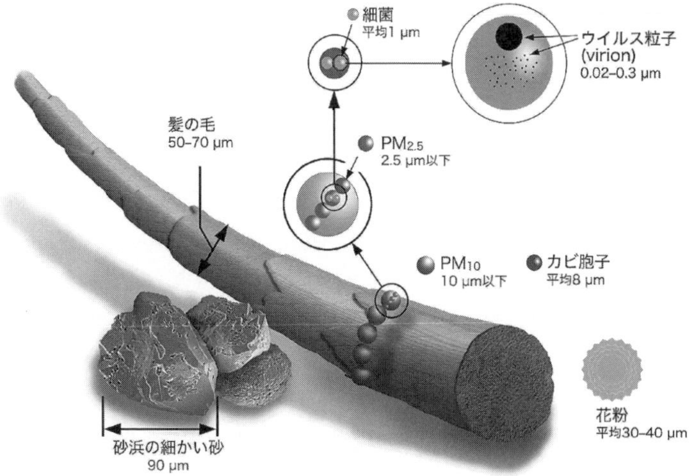

図 2.2.1　微生物のサイズのイメージ。ただし、サイズには微生物種（花粉は植物種）ごとに幅があるため、あくまでも平均的なサイズを示した。（※ US EPA web サイトの $PM_{2.5}$ に関する説明図 https://www.epa.gov/pm-pollution/particulate-matter-pm-basics を改変して作成）

みが含まれていると言えます。本節ではこのような「大気生物学 Aerobiology（エアロバイオロジー）」の分野に関して富士山頂でどのような観測に取り組んでいるのかを記載します。

1.1　宇宙と地球の間の微生物

私たちが生活している付近の空気層のことを接地層、その上空数百 m から約 10km までの大気の層のことを対流圏と呼び、毎日の天気などに強く影響しています。その対流圏のさらに上、約 15 ～ 50km ほどの高度の大気の層は成層圏と呼ばれ、高度にもよりますが、気圧は地上の 100 分の 1、気温はおおよそ-70℃になります。

この成層圏は上空ほど暖かくなる構造をしています。このような我々が生活している地上よりはるか上空の人間が生存できない厳しい環境でも、微生物の存在が報告されています。

成層圏に微生物が存在している可能性が考えられたのは、1930年代にアメリカの気球実験により上空20kmで採取された粒子の中に微生物の痕跡が発見されたのが始まりです。現在でもアメリカ合衆国のアメリカ航空宇宙局（National Aeronautics and Space Administration：NASA）やロシアを中心に、飛行機や大気球を使って成層圏における粒子を採取し、成層圏に存在する微生物の存在について詳細に調べられています。日本でも宇宙航空研究開発機構（Japan Aerospace Exploration Agency：JAXA）がもつ大気球や、一般企業が確立した成層圏の気球実験の技術を利用し、研究者らが研究を行っています。筆者も一般企業と協力して成層圏における生物粒子の採取に取り組んでおり、成層圏における実験の様子が図2.2.2の写真です。この実験の様子を見れば、微生物が成層圏に存在していることがどれだけ驚くべきことか、感覚的に理解してもらえるでしょう。

このように成層圏のような宇宙にも近い高度における微生物は、以下の二つの意味で地球生物と宇宙のつながりを示す存在であり研究者らを惹きつけています。

1. その先にある宇宙にも地球の微生物は物理的に飛んで行けるかもしれない
2. 宇宙空間においても生物的に存在可能かもしれない

これまでの研究では、微生物の痕跡は上空20kmから高いものは80kmで見つかっていますが、どのようにして、そのような高所まで微生物は運ばれたのでしょうか。これを知るためには、成層圏にすでにある粒子を見るだけでは不足です。なぜなら、そこには成層

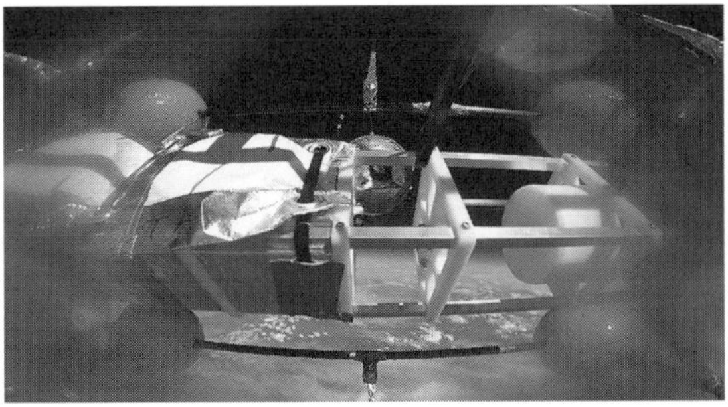

図 2.2.2　成層圏における生物粒子捕獲実験（筆者の実験、高度はおよそ 20km）
下には青い地球、上には宇宙空間が広がっている
(実験協力：徳島大学 佐原理准教授、㈱ GOCCO.)

圏に上がったという事実だけがあり、どのような条件でそこまで運ばれたのかという情報は含まれていないからです。

1.2　花粉の富士山登頂

筆者らは、富士山頂で空気中に存在する粒子を採取することで、高所に上がる途中の粒子がどのようにして上がっているのかを調べることにしました。ここで、筆者らは花粉粒子に着目することにしました。その理由は二つあります。

1. 花粉粒子は種類ごとに形に特徴があるため、種類の判定と飛びやすい形の解析に便利
2. 植物のないところからは生まれない

富士山頂は標高が高いため木が生える森林限界を超えており、富士山中腹からは樹木は見当たりません。このため、富士山頂において森林由来の花粉粒子が見つかったとすれば、その花粉粒子の形状、重さならば風に乗って上空 3.7km まで吹き上げられることを意味

するのです。

花粉の大きさはおおよそ直径30µmです。これはだいたい髪の毛の太さほどの大きさと同じです。髪の毛ほどの太さと聞くと小さく聞こえるかもしれませんが、細菌は1µm、ウイルスは0.1µmの大きさであるため花粉粒子は粒子の中でも巨大な範疇で仮に比重が同じ物質ならば風による浮力を受ける表面積は直径の2乗で増大するのに対し、体積は3乗で増大するため質量も直径の3乗で増大します。したがって直径の大きな物質ほど風による浮力で上昇させるのは困難となります。直径が30µmの花粉粒子が、地上から上空に向かって吹き上げる風だけで上空3.7kmまで運ばれたことは驚くべきことです。

花粉粒子がどのような条件で上空3.7kmまで運搬されたのかを知るには、風速、風向などの風の条件と花粉の捕集数や種類を見比べることで解析することが必要となります。これには高所における長時間にわたる気象条件の安定した観測が不可欠です。富士山測候所は、その点では世界でも珍しい施設であり、安定した長期観測が可能です。そのため、本研究には富士山測候所は欠かせない存在です。

1.3　未知の現象と生態系のつながり

上述のように成層圏まで粒子を運ぼうとする場合、粒子が越えなければならない“壁”が存在します。圏界面の存在です（図2.2.3)。

成層圏に存在している微生物粒子はこの対流圏界面を何かしらの力を受けて突破し、安定した空気の層である成層圏を上って行ったことになります。ここに面白い研究報告があります。イギリスとインドの共同研究グループが2006年に実施した研究でなんと10µmもある巨大な微生物粒子を成層圏で見つけました。先ほど10µmの粒子がいかに大きいかを説明しましたが、これほど大きい粒子が対流圏界面を突き抜けて成層圏のど真ん中に存在していることは（この研究が正しいと信じると）驚くべきことです。なぜこのような巨大な生物粒子が存在するのかは、実はまだ謎です。この研究グループは成層圏においてこのような巨大な生物粒子が捕獲できた理由の仮説として微生物は宇宙からきたものなのかもしれないと、紹介しています[1]。もしこの仮説が正しければ、宇宙環境の影響を受けた微生物も地球上に存在していることになり、いまだ知られていない宇宙環境がもつ地上のエコシステムへの影響が今後見つかる可能性も考えられます。

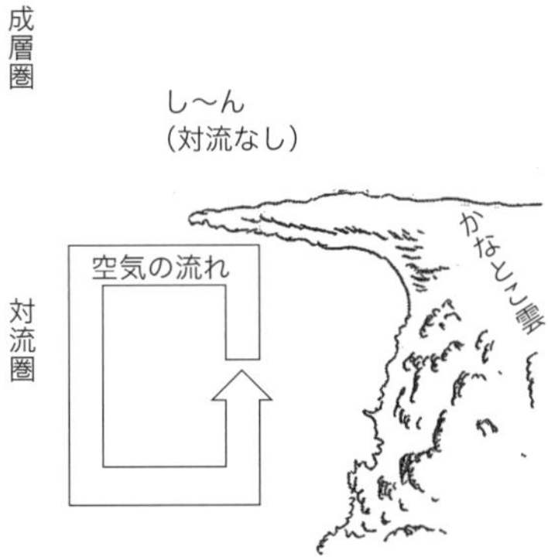

図 2.2.3　対流圏、成層圏およびかなとこ雲のイラスト（成層圏下部では実際は横方向に強い風が吹いている）

一方、この研究グループは、成層圏に粒子を送る可能性がある現象として、台風などの成層圏まで達する大型風や山火事により生じた上昇気流で生じる火災旋風、さらには成層圏を上昇する珍しい雷、ブルージェットなどを挙げ、これらによって、微生物粒子が十分な力を受けて成層圏まで突き抜けているのではないかと提唱しています。ブルージェットによる微生物の運搬の可能性を探るためには、ブルージェットが発生する頻度や強度を観測することは大変重要になってきます。ブルージェットは、雲の上側から成層圏まで走る雷であり、観測が難しい現象です。標高の高い富士山頂はこれらの研究にも重要な存在です。本 NPO では、成層圏などにおける高所放電現象の観測を行っています（第2部第4章参照）。富士山測候所の利用により、対流圏上部にどのようにして生物粒子が運搬されるかという問いだけではなく、対流圏からどのように成層圏まで達することができるのかという問いの解明にも答えられるようになると期待されています。

2. 氷晶核としてはたらく微生物

村田浩太郎

2.1　雨や雪を降らす大気中の微生物

大気科学の分野では、氷晶核としてはたらく微生物が注目されています。氷晶核とは、水や水蒸気から氷の結晶が作られるときに核として作用する粒子のことです。大気中に氷晶核がなければ、かなり低温（約-40℃）になるまでは雲を構成する氷晶が極めて作られにくくなります。私たちが目にする降水（雨、雪、みぞれ、あられ、ひょうなど）の多くは、氷晶の落下からはじまることが多いため、氷晶の種となる氷晶核の存在は、気象に必要不可欠です。氷晶核の多くは地表付近から巻き上げられた鉱物であると考えられてきました。しかし近年、鉱物よりも微生物が効果的に氷晶核としてはたらくことがわかり、「生物氷晶核」と言われています。氷晶核となる微生物が実際の降水からも見つかり、雨や雪を降らせる微生物の調査が国際的に行われています。

2.2　富士山頂で取り組んでいる観測

非常に目の細かいフィルターで大量の空気を濾過すると、大気中の微粒子を濾しとることができます。我々は、そこからDNAを抽出して遺伝情報を解析することで、どのような微生物が大気中にいたのかを推定しています。さらに、採取した微粒子が純粋な水滴を凍らせる温度を計測することで、氷晶核を計測しています。微生物と氷晶核の同時解析によって上空で生物氷晶核となり得る微生物を探しています。

2.2.1　氷晶核の観測からわかったこと

氷晶核の観測結果は活性化温度（凍結温度）に対応する数濃度として表すことができます。図 2.2.4 には、観測で得た濃度の平均値と中央値を示しています。例えば、凍結温度が-10℃での平均値を見ると、0.001 個 /L（個数毎リットル）の濃度を示しています。換言すると、1000L の空気の中に平均 1 個だけ -10℃ではたらく氷晶核があったということです。ある温度で氷晶核としてはたらくものは、それより低い温度域のすべてで氷晶核としてはたらきます。そのため、凍結温度が低いほど氷晶核数は多くなります。

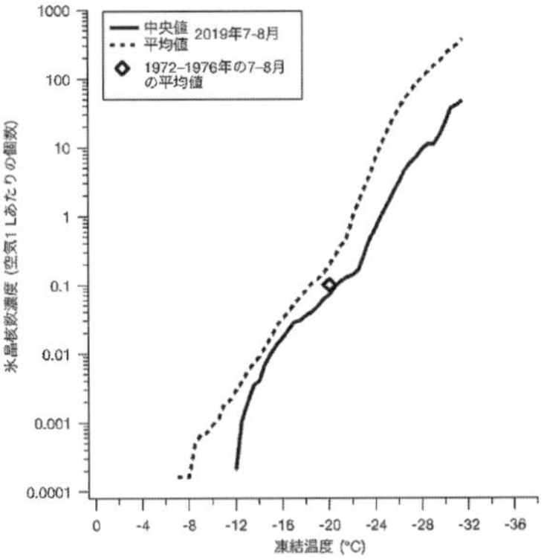

図 2.2.4　2019 年の夏期観測で得られた富士山頂における氷晶核数濃度の平均値と中央値。参考のため 1972 年から 1976 年に富士山測候所で観測された濃度の平均値も示す。

富士山頂で行われた研究としては、1972 ～ 1976 年の先駆的大気中氷晶核データが存在します[2)]。当時は富士山測候所が現役で稼働しており通年観測が実施されていました。今と当時では装置の原理に違いがあるため、比較可能かの判断には注意が必要ですが、概ね同じような値が得られていました（図 2.2.4）。当時の通年観測では、春（3 ～ 5 月）は 1 個 /L、秋（9 ～ 10 月）は 0.6 個 /L、冬（11 ～ 2 月）は 0.4 個 /L、夏（6 ～ 8 月）は 0.1 個 /L と、季節変動があるようでした。この変動から考えると、2019 年に富士山頂で得られた氷晶核数の結果は、一年を通して最も濃度が低い時期の値であったと推察され、上空の氷晶核の最低値が約50年間でどう変化したのかを推測する手がかりになると考えられます。ここ数年、氷晶核は世界中で活発に観測されており、大気科学で盛り上がっている分野の一つです。筆者の知る限り、1970年代に得られた富士山頂のデータは過去に国際的には発表されていないようです。富士山頂での過去と現在の結果の比較は、今日の国際的な学術コミュニティにとっても貴重な報告になるでしょう。

2.2.2　生物氷晶核・微生物の観測からわかったこと

1970年代の観測では得られなかったのが、生物氷晶核や微生物に関する情報です。生物氷晶核は活性化温度が高く、濃度が極めて低いために計測が困難です。そこで、生物氷晶核研究の先駆者であるラッセル・シュネル博士（NOAA、MLO（p39参照））らの助言を受けて現在の計測装置を構築しました。ちなみにシュネル博士との関係は2018年10月に本NPOにて来日講演していただいたことがきっかけで深まりました。その後、装置に独自の改良も加え、図2.2.4のような氷晶核計測が可能になりました。生物氷晶核は加熱によってはたらきが変化するといわれており、加熱前後の変化量で生物氷晶核を推定することが可能です。その結果、高い活性化温度（−11.5℃以上）ではたらく氷晶核の、約90%が生物氷晶核であると推定できました。さらに塩基配列の解析の結果、生物氷晶核が存在するときにはシュードモナス（*Pseudomonas*）属の細菌が常に大気中に存在していました。この細菌属は既知の生物氷晶核のうち最も効率的にはたらくシュードモナス・シリンガエ（*Pseudomonas syringae*）を含んでいるので、観測された生物氷晶核に関与している可能性があります。これらの結果はわずか2か月の観測事例であり、山頂には他にもカビや花粉など様々な生物粒子が存在しているはずなので、今後さらに対象微生物を広げて観測を続けていく必要があるでしょう。

読んでいてお気づきの方もおられるでしょうが、夏の山頂には登山者が多く、微生物浄化システムを活用したバイオトイレも設置されているため、人間活動由来の微生物がどの程度山頂での大気中微生物調査に影響するのかという疑問があります。これについては今後の重要な課題であり、現在、異なる専門分野の研究仲間に新たに加わってもらい取り組もうとしています。富士山頂における人間活動由来の微生物を調べることは、登山・観光に伴う富士山生態系への影響評価や生態系保全という観点でも意義があり、これからますます重要性を増す内容です。富士山頂での微生物観測は今まさに始まったばかりであり、これから次々と新しい発見があると期待して、研究を進めています。

コラム　13　エアロバイオロジーとは

春が近づくと花粉が出て目が痒い。鼻水が出る。これは草木が自分の子孫がより良い場所で生まれることを祈って風に乗せた花粉が、人間と草木の双方にとって不運にも人間に着地したために起こります。インフルエンザ患者のくしゃみを吸い込むとインフルエンザがうつる。これはインフルエンザウイルスが生存（ウイルスは生物ではありませんが、ここでは擬人法的に）をかけて、くしゃみから出た唾液や鼻水の飛沫が風に乗って人から人へと移動したためです。このように、空気の中にはたくさんの生物に関連した粒子が含まれています。これを生物粒子やバイオエアロゾルと呼び、人間社会や地球環境と密接に関係しています。これらの空気中を漂う生物粒子のことを研究する学問は“エアロバイオロジー(Aerobiology)”と呼ばれます。文字通り、“Aero(空気)”の“biology(生物学)”です。エアロバイオロジーは空中生物学や大気生物学と訳され、主に空気中に存在する生物由来の微粒子（花粉、胞子、微生物が付着した砂粒など）の挙動や動態について研究する学問です。

そのルーツは、近代微生物学の父、ルイ・パスツールが、かの有名な

「白鳥の首フラスコ実験」によって、空気中を浮遊している微生物が肉汁を腐敗させることを証明した瞬間に始まったとされており、現在はフランスやスペインなどを中心として、ヨーロッパでは広く認識されている学問です。エアロバイオロジーの研究対象は幅広く、ウイルスから細菌、カビ、花粉、ときにはヒトの皮膚の欠片など空気中を漂う生き物に関連するものは、とりあえずエアロバイオロジーの研究対象です。本章ではこれら生物が関係する粒子のことを生物粒子と呼び、特に砂などの粒子に微生物が付着した状態のものを微生物粒子と呼びます。空気中にどのような微生物が存在しているかを解析するときは、空気中に浮遊しているこのような微生物粒子を採取し、粒子に付着している微生物を分離することで確認することが主な手法です。

空気中の微生物粒子は、微生物粒子の運搬による生態系への影響や地球の気象現象に深く関わっていると考えられています。

三木健司

コラム 14 成層圏微生物とパンスペルミア説

今から 6,600 万年前、現在のメキシコ湾とカリブ海に囲まれたユカタン半島付近で、地球史に残るある大事件が発生しました。巨大隕石の衝突です。この巨大隕石が及ぼした影響は諸説ありますが、時速 6 万 4,000km で地球にぶつかった巨大隕石は、当時地球で暮らしていた生物の 80%を絶滅へと追いやりました。隕石の衝突による強烈な地震と風がすべてのものをなぎ倒し、砂塵が地球の空を覆いつくし、太陽光を遮蔽、植物の光合成を長期間にわたって阻害すると同時に、強烈な酸性雨を降らせました。一つの隕石の衝突が、結果として全地球の環境を完全に変えてしまい、当時の地球の覇者であった恐竜を絶滅へと向かわせてしまったのです。この隕石による大量絶滅は、ある意味生物史にとって非常に暗い事件ではありますが、その裏で生命の新しい冒険が始まった瞬間でもあったのではないかと考えられています。それは、微生物の宇宙進出です。巨大な隕石の衝突は大量の塵を宇宙空間に巻き上げました。巻き上げられた粒子の多くは地球の重力により再び地上に落下したと考えられますが、中にはそのまま広大な宇宙空間に投げ出された塵も存在すると考えられます。

このとき、もしその塵に微生物が潜んでいたら？　その微生物が何らかの要因により衝撃や厳しい宇宙環境にも耐えられる性質をもっていたとしたら？　このときに放出された微生物が長い旅の末、例えば火星に到達し、火星の環境がその微生物の増殖にとって適した環境だったら？

もしこれらの条件がすべて揃えば、火星で地球起源の微生物が繁殖することが可能ということになります。このように星を越えて生命が移動するのではないか？　とする仮説には専門用語がついており、パンスペルミア（Panspermia）説と呼ばれています。パンスペルミア説とはつまり、ある星で繁殖していた生命が、何らかの要因で他の星に宇宙空間を通って運ばれ、行き着いた先の星で数を増やしているということが、この広い宇宙のどこかで起こっているのではないかという仮説です（図2.2.5）。隕石衝突による地球生物圏の拡大はロマンがある話ではありますが、現実的にこれを実感することはないでしょう。その理由は、塵を宇宙に巻き上げるような隕石衝突は日常的に起こっている現象ではないからです（今後も経験したくない現象ですね）。

しかし、成層圏における微生物の発見により、実は日常的に宇宙に地球の微生物は放出されているのではないかという議論が出てきています。富士山測候所において風に乗って上空に運ばれる微生物を観測することにより、このパンスペルミア説が日常的に起こっているのかを議論することも期待されます。

図2.2.5　パンスペルミアのイメージ

おそらく微生物はロケットをもっておらず、実際は塵に付着して地球を脱出したであろう。

三木健司

第３章　高所と人間

1. 高所登山と血圧

小森孝洋

高血圧、高脂血症、糖尿病、肥満などの生活習慣病の予防や治療には散歩や自転車、水泳といった持続的な有酸素運動を行うことが勧められています。一方、運動を行うと血圧は上昇し、特に高血圧の患者さんでは運動中の血圧は著しく上昇します。そのため、生活習慣病の患者さんでは、運動の強さは「楽である」～「ややきつい」と運動中に感じられる程度である中等度で行うことが勧められています。

登山は運動の種類としては有酸素運動に含まれ、運動療法の中の一つとして行われることもありますが、登山を行う環境や、登山のスタイルによっても体にかかる負荷は大きく異なります。特に高所の影響は、標高 1,500m を超える低山以上の山岳で登山を行う場合は無視できません。この標高を超えるところでは、低酸素と寒冷が交感神経の活動を高めたり、肺動脈を収縮させるなどして、結果的に血圧や脈拍が上昇することが知られています。しかし、実際の登山中の血圧値や、短期間の高所滞在が血圧にどのように影響するかはまだ十分にわかっていません。

登山は健康維持目的に行われることもありますが、一方で登山中の死亡事故も多発しています。疾病による死因としては、心臓突然死が挙げられます。突然死の内訳は明らかではありませんが、突然死をきたしうる循環器疾患には、急性心筋梗塞や大動脈解離、肺塞栓症、致死性不整脈が知られています。これらは救急対応を要する重症の病気であり、症状としては胸や背中の痛みを訴えることが多いのですが、突然死に至るほどの重症の場合は突然の意識消失を起こした後、分単位で死に至ることがあります。突然死をきたす病気の発症に高所や登山行動が影響した可能性がありますが、高所で心臓・血管にどのような影響が生じるかは明らかになっておらず、血圧値ですら十分に明らかになっていません。私たちは富士山測候所に滞在しながら、高所での登山行動中や短期間の高所滞在中に血圧がどう変化するのか、自律神経の影響はあるのかを調べました。

私たちは登山行動中の血圧値を測定するために、24 時間血圧計を使用しました。（図 2.3.1）これは高血圧の診療で用いられる医療機器で、携帯型の自動血圧計です。腕帯と駆動・記録装置でできており、上腕に腕帯をつけて 30 分おきに血圧が自動測定されます。血圧は一日のうちでも変動しており、活動すれば上昇し、安静にすれば低下します。さらに血圧には日内変動があり、昼間は高くなり、夜寝ているときには低下するというのが正常な血圧日内変動です。24 時間血圧計は生活の中での血圧変化を捉えることができる機械で、高血圧の診療に広く用いられています。本機器は気圧計、温度計、加速度センサーも内蔵しており、血圧が測定された環境のデータも取得することができます。その他、経皮的動脈血酸素分圧モニ

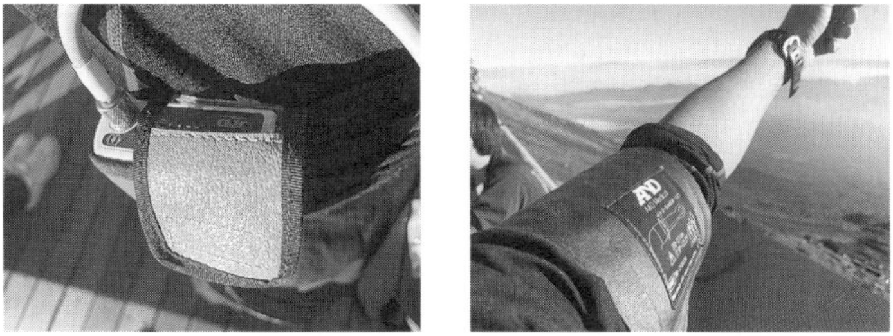

図 2.3.1　24 時間血圧計

ターで登山中および就寝中の酸素飽和度を測定したり、座った姿勢と立った姿勢の血圧・心拍変動から自律神経活性を測定する機器をもち込んだりして高所での心臓・血管の反応を測定しました。富士山登山は吉田口から開始し、剣ヶ峰の富士山測候所まで登りました。富士山測候所では血圧などの計測を行いながら1泊し、翌日吉田口まで下山しました。この間、血圧を30分おきに測定しながら過ごしました。

当たり前かもしれませんが、登山中の血圧の変化は日常生活中と大きく異なると考えられます。そのため、私たちは日常生活中にも24時間血圧測定を行い、富士山登山中の血圧変化と比較しました。

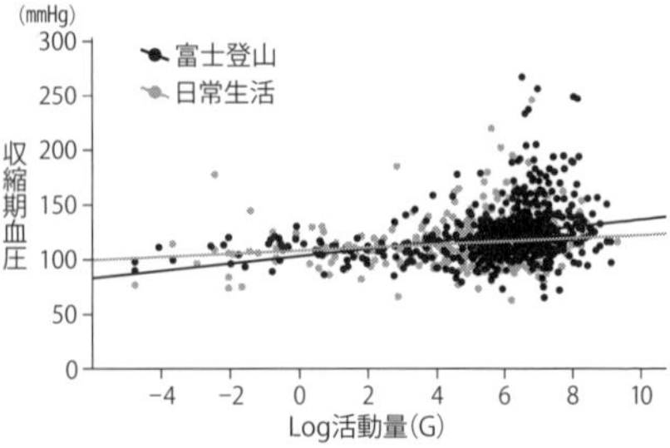

図 2.3.2　血圧の変化

血圧値を比較すると、富士山登山中は24時間血圧、起きているときの血圧、寝ているときの血圧が、いずれも日常生活中の血圧と比べて高くなっていました。さらに脈拍数も高くなっていました。血圧値に関係する環境因子を統計で調べてみると、富士登山中は24時間血圧と起きているときの血圧が気温、気圧、活動量と関連し、寝ているときの血圧は気圧、活動量と関連していました。一方、日常生活中の血圧については、24時間血圧が気温、活動量と関連し、起きているときの血圧は気圧と関連していましたが、寝ているときの血圧と気温、気圧は関連していませんでした。収縮期血圧を縦軸と活動量を横軸にして散布図を作成してみると、富士登山中の方が日常生活中に比べ、活動量が上がるにつれて血圧値が上昇しやすくなっていました（図2.3.2）。

血圧変動については、急性高山病を起こした被験者のひとりに、寝ているときの血圧が昼間よりも上昇する血圧変動異常が観察されました（図 2.3.3、口絵 14）。健康な人は寝ているときの血圧が上がることは通常ありませんが、高所滞在や高山病を起こした影響が寝ているときの血圧を上昇させたと考えられました。

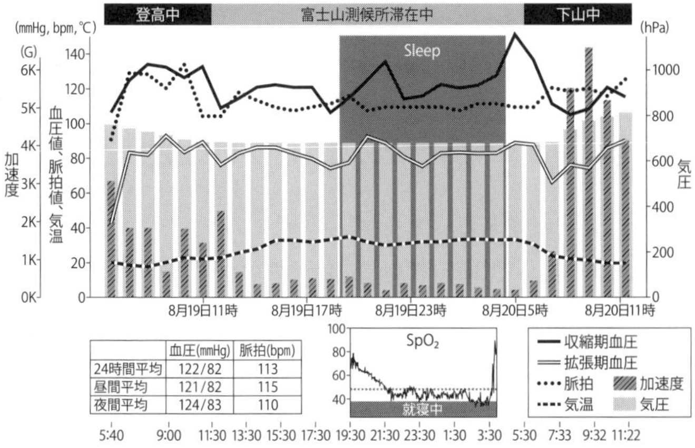

	血圧(mmHg)	脈拍(bpm)
24時間平均	122/82	113
昼間平均	121/82	115
夜間平均	124/83	110

図 2.3.3　登山中の血圧

私たちの研究では、登山中には血圧が上昇しやすいことがわかりました。登山は日常生活よりも活動量が多くなりますが、血圧の上昇には気温・気圧が影響している可能性が高いことが考えられました。この血圧の上昇しやすさが、登山中の心臓病による突然死に結び付く可能性が考えられます。血圧が運動で上昇しやすい高血圧患者さんでは、血圧変動が少なくなるように血圧の薬を調整することが、登山中の突然死を防ぐのに役立つかもしれません。この研究を続けることで、登山中の突然死を防ぐ手がかりが得られる可能性があります。さらに、心臓病患者さんが安全に登山を楽しむために、気温、気圧、活動量に着目した山での過ごし方を示せる可能性があります。私たちの研究は少人数の被験者が対象であり、期待されるような研究結果を得るには、さらに多くの人数で様々な背景をもつ方を対象に検査を行っていく必要があると考えます。本研究を行った富士山測候所は日本最高所にある研究施設で、高所医学研究を行うにあたっても、非常に貴重な施設です。ここで得られるデータは、日本最高所であるということを考慮すると、極めて貴重な唯一のものであると考えられます。私たちは、富士山測候所を活用して高所医学研究を行った成果を、登山を愛好する方々の安全に生かせるように願っています。

2. 高所順応・高所トレーニング　山本正嘉

2.1　はじめに－富士山に登ると身体の性能が変わる

富士山に登った人に聞くと、ほとんどの人が「苦しかった」と答えます。これには、上り下りの距離が長いことだけでなく、酸素の薄さ（低酸素）が関係しています。私たちの身体は、食物を酸素で燃やし、生活や運動のエネルギーを作り出しています。低酸素環境では、体内に十分な酸素を取り込めなくなるので、その分だけ苦しく感じるのです。

低酸素下で身体は、言わば危機にさらされるのです。このため、その危機を乗り越えようと、酸素を取り込む能力を高めるような反応（順応）を起こします。スポーツ選手はこの性質を利用して「高所トレーニング」を行ってきました。人間だけではありません。南米では、競馬の大会に出場するためにアンデス山脈を越えてきた馬は強い、という古くからの逸話もあります。

私たちの研究グループでは、富士山に登ることによって、人間の身体がどのように変化するのかを研究してきました[1,2)]。以下にその一部を紹介します。

2.2　富士山に登ると身体は生死の境をさまよう

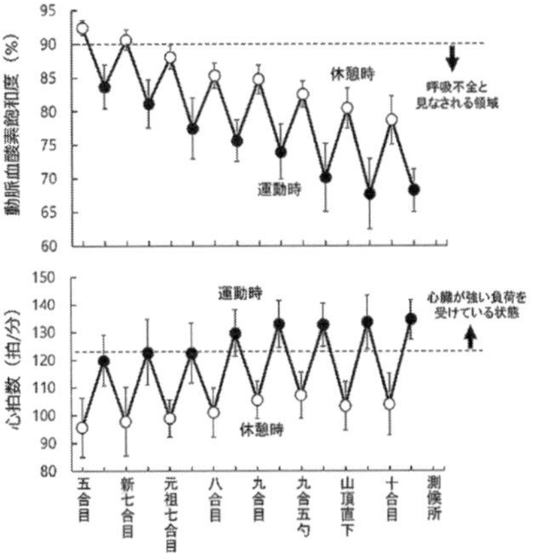

図 2.3.4　ベテランの中高年登山者 7 名が富士山を登っているときの SpO_2 と心拍数 [3)]

富士登山によるトレーニング効果の話をする前に、登山中に人体にどのような負担がかかっているのかをデータで紹介します。

図 2.3.4 は、富士宮の五合目から山頂まで約 7 時間をかけて登ったときの、体内の酸素の量（動脈血酸素飽和度；SpO_2）と心拍数とを、行動中と休憩中に分けて測った結果です。ほぼ同じペースで登っているのに、高度が上がるほど SpO_2 は低下し、心拍数は上昇していきます。また休憩時には、心拍数が下がるとともに SpO_2 が上昇し、酸欠状態がやや緩和されて文字通り一息ついていることもうかがえます。

SpO_2 のグラフには 90%のところにラインを引いています。下界の医療では、この値を下回ると呼吸不全の状態だと見なします。突然の事故に遭ってこのような状態になった人であれば、集中治療室に搬送して酸素補給をしながら治療します。また、慢性呼吸不全の患者さんが日常生活で、鼻から管で酸素を吸入する在宅酸素療法を行うときの基準も、この値が目安となります。

図 2.3.5 は、若くて体力のある人が、山頂の測候所内で夜寝ているときの SpO_2 を測定し、下界での睡眠時の値と比べたものです。運動をしているわけでもないのに、山頂での SpO_2 の値は極度に低

下しています。日中、苦しい思いをして登っているとき（図2.3.4）よりも、むしろ低いのです。眠ると脳の呼吸中枢のはたらきが弱まることや、横になった姿勢が呼吸を浅くしてしまうことが原因です。このような現象は、この人だけでなく誰にでも起こります。

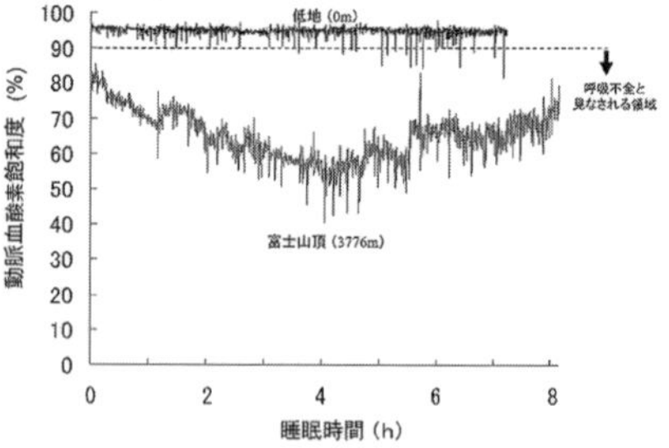

図2.3.5　体力のある若年者が低地と富士山頂で、夜眠っているときの SpO_2[4)]

この図を、説明抜きで医師に見せたとすれば、生死の境をさまよっている人だと判断するでしょう。昔の人は富士講で、白装束に身を固めて登りましたが、現世をしばし離れ、彼岸に近づいてからまた戻って来る、という意味合いもあったのではないかと思わされます。

それはともかく、私たちの身体は富士登山で、このような極めて強い刺激を受けます。ふだん運動不足の人が富士山に登るときには、十分な注意が必要だということがわかると思います。

2.3　高所トレーニングの効果

富士山に登ることや、その頂上で泊まることは、信じられないほど厳しい低酸素の負荷を身体にかけることなのです（図2.3.4、図2.3.5）。したがって、身体はその刺激に反応し、わずか数日の登山でも性能が変わるのです。

図2.3.6は、富士山に登り、頂上の測候所で2泊してから下山するという3日間の登山を行い、その前後で体力（持久力）の変化を

測った結果です。乳酸という、過剰に蓄積すると疲労を引き起こす物質が蓄積する直前のポイントで、どれだけの運動ができるかを示しています。下界（100m）と、富士山よりも高い4,000mの高所という、2種類の環境で測定をしてみたところ、前者では＋15％、後者では＋20％という大きな改善が起こっていました。

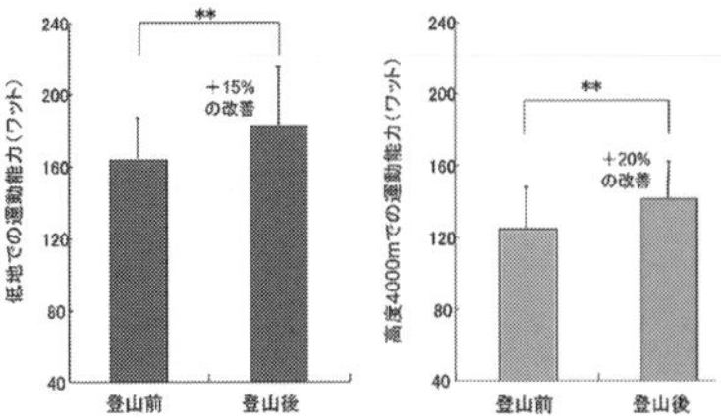

図2.3.6　富士登山が持久的な運動能力の改善にもたらす効果[4)]

低地（100m）と4,000mの2種類の高度で、自転車エルゴメータを使って測定している。＊は統計的に有意な改善があったことを意味する。

現代では、マラソンなど長距離系の選手が、海外の2,000m程度の高地に数週間出かけて、高所トレーニングをすることが盛んです。その大きな目的は、この図のように、乳酸の蓄積を抑制しながら運動する能力を高めることにあります。3,500mを超える富士山に登ると、3日という短期間でもこの能力が改善するのです。

現状では、スポーツ選手が高所トレーニングの場として富士山を利用することはあまりありません。しかし今後は、効果的な方法が開発されてもよいように思います。ちなみに、第1回目の東京五輪が行われた1960年代には、日本国内で高所トレーニングの適地が模索され、富士山でも様々な実験が行われていたという歴史もあるのです。

2.4　ヒマラヤ登山に対する効果

富士山に登ることの効果は、下界でのスポーツ選手だけにとどまりません。日本では登山が盛んです。ヒマラヤやアンデスに代表される4,000m以上の高所に出かけて、登山やトレッキング（ハイキング）をする人がたくさんいます。

そこで問題となってくるのが高山病です。日本の低地に住んでいる人がいきなり4,000m以上の高所に行けば、ひどい高山病にかかってしまい、計画が中途で挫折したり事故を起こしたりもします。あらかじめ富士山に登って高所トレーニングをしておけば、ぶっつけ本番で海外の高所に出かけるよりも、ずっと良い結果が得られるのです。

図2.3.7のAは、筆者自身で実験台となり、数回の富士登山に加え、下界でも低酸素室を使った高所順応のトレーニングを積んでから、ヒマラヤの7,500m峰に出かけてスピード登山を試みたときの様子です。通常は登頂まで約3週間かかるところを、ベースキャンプから1週間で登頂できました。一般的にはBさんのように、少しずつ高度を上げてはベースキャンプに下りることを何度か繰り返し、徐々に身体を高所に慣らしてから登頂するのですが、その行程を大幅に省略できています。

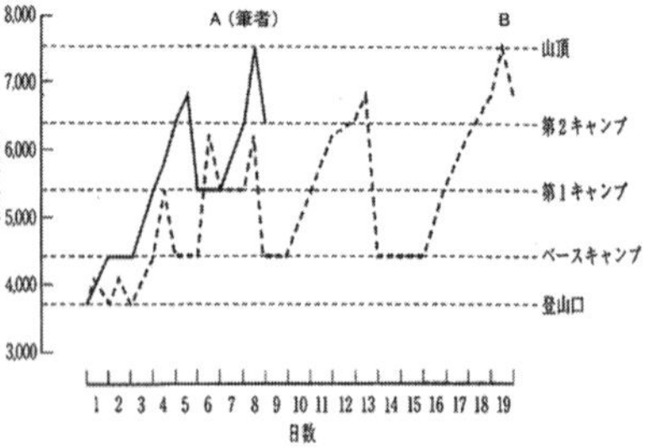

図2.3.7　富士山でのトレーニングを活用したヒマラヤでのスピード登山[5)]

中央アジアのムスターグアタ峰（7,509m）で行った実験登山。Aは、筆者が富士山で事前トレーニングを行い、短期間で登頂したときの行程。Bは標準的な行程の一例。

日本人は時間の余裕が少ないので、海外の登山に出かけるときにも、ギリギリの日程しか確保できません。そんなときに、時間のかかる現地での上下行動はネックになります。富士山を利用して、日本でできるだけ高所順応を身につけておけば、現地では余裕ができ、登山の成功率を高めたり、事故防止にも寄与できるでしょう。

2.5　まとめ

富士山を上手に利用することで、スポーツ選手にとってはパフォーマンス向上が期待できます。また登山者にとっては、海外の高山に出かける際の、事前トレーニングとしての効果があります。富士山は、自然が作り出した巨大な高所トレーニングのジムだと言ってもよいでしょう。

一方では、図 2.3.4 や図 2.3.5 で見たように、富士山は身体に厳しい低酸素ストレスをかける山だという認識も必要です。一生に一度は登りたいということで、毎夏、たくさんの老若男女が訪れます。しかしその下準備として、普段の体力トレーニングや健康管理をしっかりやっておくことが不可欠だということも、わかっていただけると思います。

3. 高所医学研究

井出里香

中高年の登山ブームや山の日もできて、登山を楽しむ人々がずいぶん増えてきました。総理府の世論調査では山や自然を楽しむ人は約 500 万人とも言われ、そのうちの約 60％は中高年登山者で、山岳遭難では 40 歳以上の中高年登山者が約 80％を占めています。私たちは安全な登山のために、急性高山病の予防・治療や急性高山病に関連した疾患・病態について、自然の低圧低酸素室である富士山頂を利用して高所医学の研究を行っています（図 2.3.8）。

図 2.3.8　富士山は自然の低圧低酸素室

3.1　急性高山病とは？

標高の高いところに到達して6～12時間経過すると、頭痛、食欲不振・嘔気などの胃腸症状、疲労・脱力、めまい・ふらつきなどの症状がでてきます。私たちは、これらの症状を点数化して急性高山病の診断（p27、表1.2.1）や重症度（図2.3.9）を判定しています。急性高山病の主な原因は酸素不足（低酸素）であり、低酸素に弱い脳細胞がまず影響を受けるため、頭痛が一番多い症状です。さらに急性高山病が進むと、肺に水が貯まる高地肺水腫や脳細胞に浮腫（むくみ）が生じる高地脳浮腫をきたして生命にも危険を及ぼします。

急性高山病の発症頻度は、日本アルプスなど標高3,000m程度で10～30％、標高3,500mを超える富士山では30～50％と言われています。富士山の遭難の半数は急性高山病が占めていますが、世界文化遺産に登録されてから海外からの登山者も増えています。また持病をもった中高年登山者も多いため、安全に登山をしていただくために、急性高山病についての啓蒙や急性高山病と関連した疾患・病

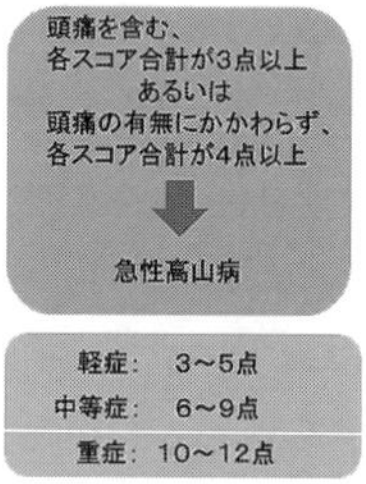

図 2.3.9　急性高山病の診断

態についての臨床研究も重要だと考えています。富士山で行っている高所医学研究をご紹介します。

3.2　急性高山病と関連した疾患・病態の研究

3.2.1　睡眠時無呼吸症候群

睡眠中に 10 秒以上の無呼吸が 5 回以上繰り返される病気で、日本国内でも潜在患者 300 万人以上とも言われています。呼吸が止まるだけでなく、心臓、脳、血管にも負担をかけるため、高血圧症、脳卒中、狭心症、心筋梗塞、糖尿病、脳血管疾患を合併する危険が高まることがわかっています。山小屋でも他人のいびきでなかなか眠れない経験をもたれた方もいると思います。いびきがひどい人は睡眠時無呼吸症候群の可能性があります。標高が高いところでは平地より酸素が少なく、睡眠時無呼吸症候群があると呼吸が止まるため、さらに酸素不足（低酸素）が増悪《ぞうあく》します。平地では睡眠時無呼吸症候群の症状がなくても、富士山では起こることがあります。酸素不足（低酸素）により急性高山病は悪化し、高度が上がるほど増悪します。

私たちは携帯型睡眠時無呼吸モニターを装着して（図 2.3.10）、

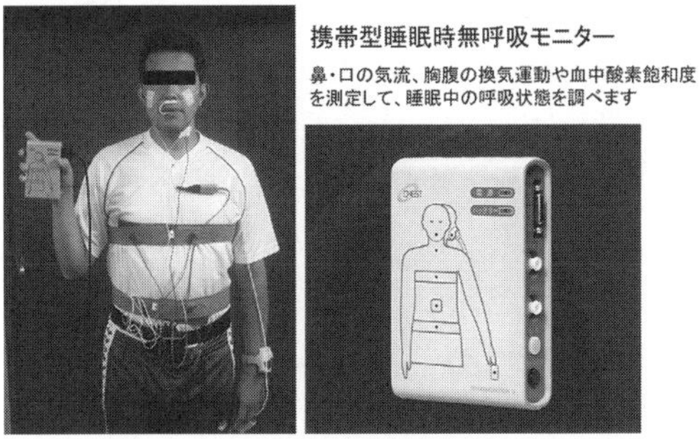

図 2.3.10　睡眠時無呼吸症候群の検査

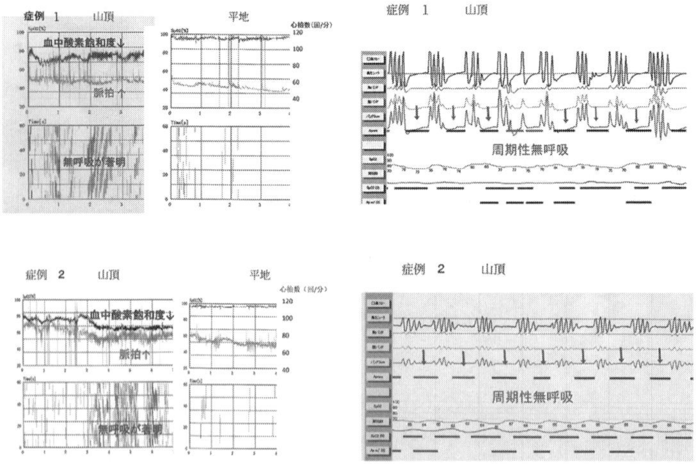

図 2.3.11　睡眠時無呼吸検査の結果

富士山頂での睡眠中の無呼吸の頻度と夜間の SpO_2 を測定し、次のような結果（図 2.3.11）が得られました。

症例 1 の方は平地と比較して山頂では血中酸素飽和度が下がり、脈拍が上がっています。高所で見られる周期性無呼吸パターンで、著明に増加していました。症例 2 の方は SpO_2 が 70％を下回って酸素投与が必要なレベルまで低下して、無呼吸の増加もさらに著明でした。両者とも翌日は急性高山病の症状も増悪していました。普段から睡眠時無呼吸症候群がある人は、標高の高いところに滞在すると睡眠時無呼吸症候群がさらにひどくなり、それにより急性高山病も増悪する可能性があるので、注意が必要です。富士山のような特殊環境では、医療機器を用いてこのような測定を行うのはなかなか困難ですが、旧富士山測候所の施設を利用することによりこのような詳細な研究を行うことができます。

3.3　めまい・ふらつき（転倒・滑落の要因）

登山中の滑落、転倒は山岳遭難事故の約 30％を占め、身体の揺れ（ふらつき）や歩行バランスの低下は滑落事故につながるケースも多いです。具体的にどのような状況でバランスを崩しやすいのか、実際の富士登山において体幹 2 点歩行動揺計（図 2.3.12）を装着して歩行バランスを評価すると、下りでは円滑度（動きの滑らかさ）が低下して歩行バランスも乱れていました[6]。下りでは着地時の地面からの衝撃が登りの 2 倍かかり、膝の制動で円滑度が低下して転倒、滑落のリスクが高くなることが推測されました。ヒマラヤなど標高 5,000m 以上になると極度の低酸素により脳のバランス機能にも影響を及ぼして、めまい、ふらつきが起こることが報告されていますが、富士山では低酸素による脳のバランス機能への影響は見られず、下肢筋の疲労などが要因として考えられました。

歩き方も人によってそれぞれ特徴があり、転倒しにくい歩き方や転倒しやすい歩き方など歩行パターンも視覚的に評価できました。図 2.3.13（口絵 15）のように、転倒しにくい歩き方は下りも円滑で、膝でかなり衝撃を吸収しています。膝を曲げて着地することで、円

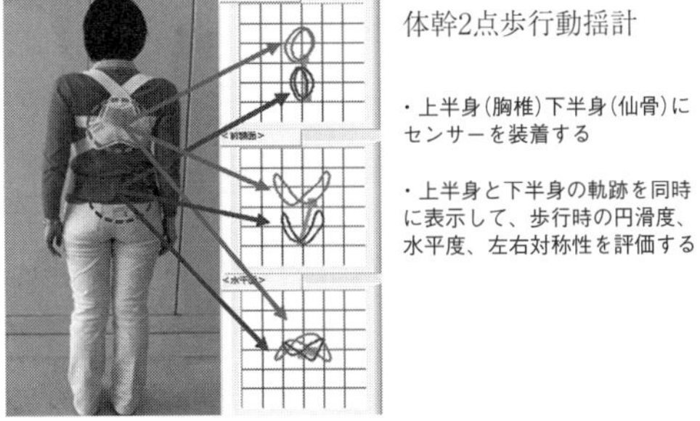

図 2.3.12　歩行バランスの評価

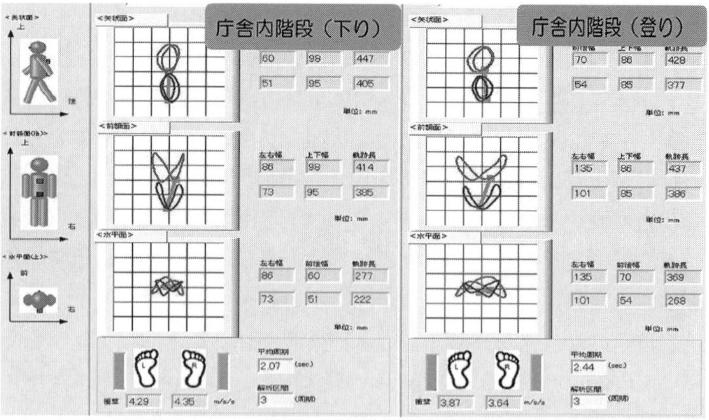

図 2.3.13　転倒しにくい歩行パターン

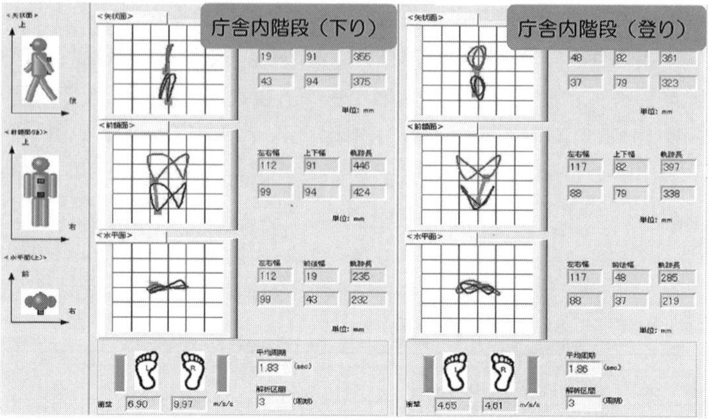

図 2.3.14　転倒しやすい歩行パターン

滑度の低下がかなり抑えられ、転倒のリスクは低くなりますが、大腿四頭筋などの筋力が必要になります。これに対して図 2.3.14（口絵 16）のように、転倒しやすい歩き方では右足着地時の衝撃が大きいため、重心が左に寄って左右のバランスが崩れて不安定になっています。円滑度も低いため、滑りやすい面では転倒するリスクが高くなります。このように歩行パターンを視覚化して評価することにより、その人の歩き方の特徴がわかり、転倒を防止して疲れにくい歩行を身に着けるためのツールとしても有用です。このように登山における安全性の検証においても富士山での研究は役立っています。

第４章　雷の魅力

1．雷雲上空で起こる雷放電

鈴木智幸・鴨川仁

1.1　開かれた扉・不思議な発光現象の再発見

図 2.4.1　R.C.Franz らにより、世界で初めて観測された高高度放電発光現象（Nature、1990 より引用）

雷雲上空での雷放電に似た現象の劇的な報告の一つが 1989 年に北米でもたらされました。超高層ロケット観測用の高感度カメラの実験をしていたときに、星以外何もないはずの夜空に大きな太い２本の発光体が写っていたのです（図 2.4.1）。この原因について、消去法で検討した結果、はるか遠くにある、活発な雷放電を伴う雷雲上空で発生していたことが明らかとなったのです。記念すべき発見なので、少し、この論文の引用を含めて紹介すると、著者であるミネソタ大学の学生 R.C.Franz たちは 1989 年７月５日から６日の夜間、ミネソタ州ミネアポリスセントポールから超高層ロケット観測プログラムに搭載予定の高感度ビデオカメラの試験のため、星座や遠距離の雷放電を対象に観測を行っていたそうです。カメラを北側の水平線に向けていた 1989 年７月６日 04:14:22UTC（世界時、アメリカ中部標準時 CST では５日 22:14:22）に遠方の雷雲上部から成層圏に向かう噴水状の２本の発光体が観測されたことを報告しています。この発光体の継続時間は、２コマ（33ms［ミリ秒］）で、調べてみると観測地点のセントポールから約 250km 離れたスペリオル湖西岸に位置す

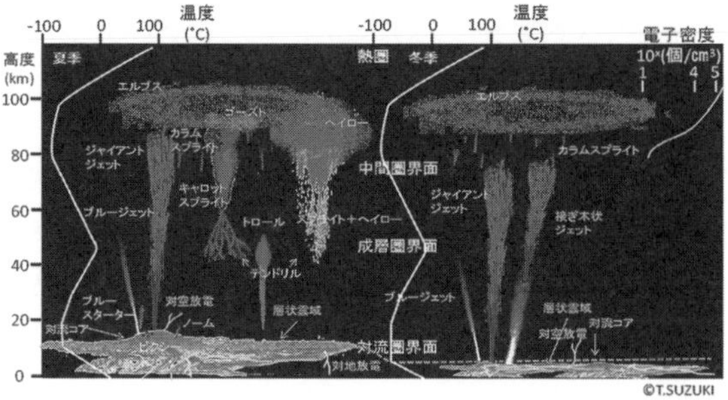

図 2.4.2　高高度放電発光現象の仲間

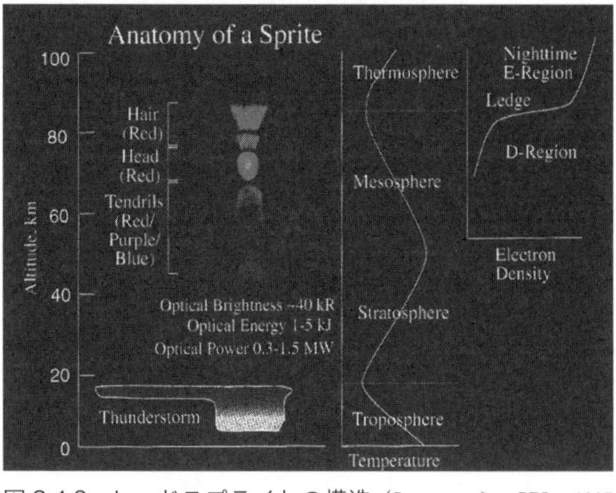

図 2.4.3　レッドスプライトの構造（Sentman ら、GRL、1995 から引用）

る非常に活発な雷雲が発生させた雷放電と関係があることがわかったそうです。雷雲の厳密な高さはわからないものの、高層気象観測から見積もられる雲頂高度は約 14km で、約 250km 先の活発な雷放電域の中心と対応していると仮定すると高度は雲頂から 20km 以上の高さ、すなわち地上から34km以上の高度まで達していたことがわかりました。これを契機に、別の形状、出現高度、成因をもつ雷雲上空の放電現象が発見され、実際に多様性があることが証明されています。これら、雷雲上空で発生する雷由来の放電現象を「高高度放電発光現象」（英語では、Transient Luminous Events：TLEs）と呼んでいます。次に、現在確認されている高高度放電発光現象の仲間を紹介します。

1.2　高高度放電発光現象の仲間

図2.4.2は、これまでに発見された高高度放電発光現象の仲間です。年々新しい現象が発見されているため、この文章を書いている時点での資料となりますが、そのそれぞれについて、特徴を説明します。なお、冬季と夏季で分けて書いているのは、それぞれによく見られる特徴に違いがあるためです。

(1) レッドスプライト

レッドスプライトは、地上からの観測事例が最も多い現象です。中間圏から電離層に達する非常に巨大な放電発光現象で、平均最高到達高度が88km±5km、最も巨大で明るい事例は到達高度が95kmを超え、電離層のD層まで達します（図2.4.3）。色は、その名称の通り赤色が主で、最も明るい部分（ヘッド）は高度66～74kmです。ヘッドのすぐ上には細い帯状の暗い部分（ヘアライン）があり、さらにその上にスプレーを最高到達高度まで吹き付けたような赤い発光（ヘア）が見られます。ヘッドの下には、暗い帯状のカラー（襟）が66±4kmにあり、さらにその下には淡い紫から青色のテンドリル（蔓《つる》状の発光）が高度40～50km付近まで下方に伸びています。そしてカラー（襟）付近で色が赤色から変化し、最下端では青色になっています。単独でも発生しますが、複数で発生することも多く、複数の場合の継続時間は100～160msに達します。スプライトは、メソ対流系（Mesoscale Convective System）と呼ばれる発達した積乱雲（群）をもつ厚い層状雲域内の正極性落雷が多数発生している領域に位置することが多く、ほとんどのスプライトは、大きな電荷を中和する強い正極性落雷に関連して発生します。図2.4.4は、夏季および冬季の代表的なスプライトの例です。夏季スプライトがキャロット（にんじん）型やクラゲ型のような複雑な構造をもつ事例が多いのに対して、冬季スプライトは大部分がカラム（柱）状であることが報告されています。

(2) ブルージェットとブルースターター

ブルージェットとブルースターターは、雷雲雲頂の成層圏に貫入した対流の最も活発なところ（オーバーシュートした部分）から上方に伸びる幅の狭い逆円錐状の発光現象で、マウスピースを下にして立てたトランペットの形状とよく似ています。最高到達高度の分布は不連続で、20～25km程度と40～50km程度にピークがあり、前者をブルースターター、後者をブルージェットと呼んでいます。なぜ到達高度が、連続的ではなく二つのピークをもつのかについては、今後の研究が待たれます。図2.4.5は、ブルージェットとブルースターターで、色は下部には白く発光する部分があり、その上は青色になっています。ブルースターターは、ブルージェット初期のステージと関連していると思われます。本質的には同じ現象と考えられており、ブルージェットに150ms程度先行して発生することから、到達高度が低いブルージェットである可能性が示唆されています。単体で発生することが多く、同時多数発生や短時間に多数群れを成して発生することはまれで、観測事例自体があまり多くありません。

図 2.4.4　夏季および冬季の代表的な形状のスプライト。富士山から撮影されたクラゲ型の夏季スプライト（上）と都内から撮影されたカラム（柱）状の冬季スプライト（下）。

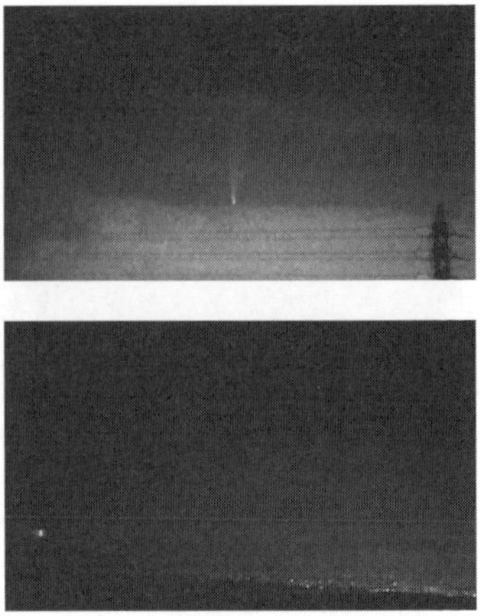

図 2.4.5　夏季のブルージェットとブルースターター。都内から撮影されたブルージェット（上）、伊東耕二氏提供。旧富士山測候所から撮影されたブルースターター（下）。

(3) エルブス

図 2.4.6　夏季のエルブス（旧富士山測候所から撮影）

エルブス（Emissions of Light and Very Low Frequency Perturbations from Electromagnetic Pulse Sources：ELVES）は、雷放電に伴う強い電磁パルスが電離層下部に伝搬することにより、電離層下部の高度 90km 付近で、直径 300 ～ 500km のドーナツ（円盤）状に広がる、継続時間 1ms

程度の瞬間発光現象です。この現象は、1995 年に東北大学のグループにより、北米で最初に発見された現象です。発光時間が極端に短いため、通常の高感度カメラにより地上から観測された事例はあまり多くありませんが、衛星からの観測によると、高高度放電発光現象の中で最も発生頻度が高いことが示されています。通常は、ドーナツの中心に穴が存在することが多いのですが、図 2.4.6 に示すように、穴の中心がオフセットすることや、日本の高校生が展開している光学観測ネットワークで、一時期話題となった、縞をもつエルブスなどの新しい発見もなされています。穴の中心がオフセットする原因は放電路に起因する可能性が示唆されます。また、縞をもつエルブスの原因が大気重力波である可能性が高いことが高校生らの研究で示唆されています。

(4) 巨大ジェット

図 2.4.7　夏季の巨大ジェット（旧富士山測候所から撮影）

巨大ジェット（Gigantic Jet）は、雷雲層状雲から飛び出すように成層圏下部に貫入した対流雲の雲頂（対流コア、ターレットと呼ばれています）から電離層下部に向かって直接放電が進展する現象です（図 2.4.7）。プエルトリコ沖で発生した事例では、高度約

16kmの雲頂から高度約70kmまで伸びる樹状の巨大ジェットが観測されています。上方への進展速度は105～106m/sで、継続時間は24フレーム（799ms）であったことが報告されています。また、南シナ海で発生した事例では、高度16～18kmまで達した雷雲雲頂から高度約90km（86～91km±5km）の電離層まで伸びる巨大ジェットを5例観測したことが報告されており、これらの巨大ジェットは、下部はブルージェットに似ていましたが、そのうち2例は上部が樹状になっており、3例はニンジン状になっていたことが示されています。下部が二股に分かれていることもあります。上方への進展速度と発光継続時間の例として、樹状で進展速度1,000km/s、発光時間～417ms、ニンジン状で進展速度1,200km/s、発光時間～650msとの報告がされています。巨大ジェットは、正極性と負極性があり、負極性が多いと言われており、電離層に電荷を供給するというよりは、電荷を減少させるはたらきがあると言われています。

(5) ピクシー（PIXES）

ピクシーは、雷雲（スーパーセル）の成層圏に貫入したカリフラワー状の雲頂（ターレット）の表面に散在する非常に小さい、強い光の点として現れる現象で、光点の大きさは100m以下、継続時間は非常に短い（16ms以下）です。20分間に83例が、(6)で示すノームが発生した時間帯と同じ時間帯に観測されたことが報告されています。時空間的に特定の落雷や雲放電に伴って発生するわけではないと言われています。カラー画像による観測事例数が少ないため、色はよくわかっていませんが、最近、国際宇宙ステーションから観測されたこれに似た事例の報告では、この現象は青色成分をもつことが示されており、雲頂（高度18kmの成層圏下部に達した）で160秒間に245回（91.9回/分）発生し、大きさは4～9km^2、継続時間は１フレーム以上（42ms）であり、継続時間が長い例では83 ～ 125ms と報告されています。この報告は、最初に報告された事例と比較して大きさ、継続時間ともに１桁大きいことが指摘されています。

(6) ノーム（GNOME）

ノームは、雷雲（スーパーセル）の成層圏に貫入した雲頂から上方に伸びる雷放電に似た現象で、到達高度 1km 以下、幅 200m 以下、継続時間は 33 ～ 136ms、進展速度 104m/s 以下、20 分間で 17 例（0.85 回/分）が、ピクシーが発生した時間帯と同じ時間帯に観測されたことが報告されています。ノームは、ブルースターターとは違う特徴をもち、より明るく、コンパクトな形状で、かつ光学的にはより均一に見えますが、色はまだわかっていません。時空間的に特定の落雷や雲放電に伴って発生するわけではないと言われています。

(7) トロール（TROLL）

トロールは、一見ブルージェットに似ているにも関わらず、明らかに赤色が支配的な現象です。この現象は、テンドリルと呼ばれる蔓《つる》状の放電が雲頂近くまで下方へ進展する特に活発なスプライト発生後に発生すると言われています。トロールは、明るい頭部が微かな尾を引きずっているように見えます。その進展は、当初は速度150km/s 程度で上方に伸び、徐々に減速して、高度 50km 付近で消滅します。先行するスプライトのテンドリルが雲頂まで達して発生しているのか、トロール自体が雷の特性が現れているのかどうかは不明です。この現象に関する研究報告はほとんどありませんが、国際宇宙ステーションからの検出画像は何例か得られています。テンドリルが雷雲まで達しているとすると、二次的に発生したジェットの可能性があります（図 2.4.8）。

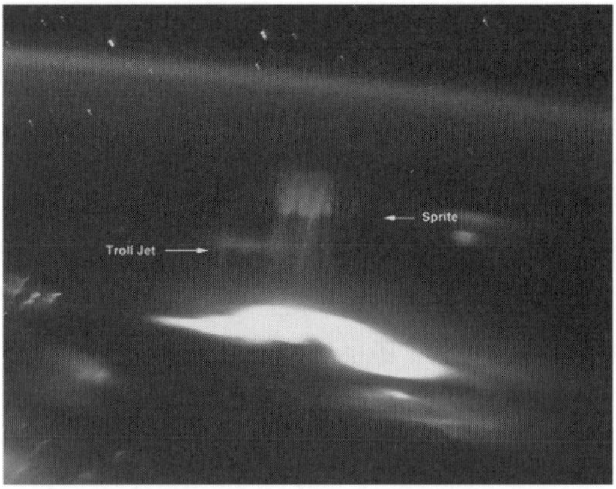

図 2.4.8　国際宇宙ステーションから撮影されたトロールとスプライト

（Frankie Lucena on August 10, 2015
https://spaceweathergallery.com/indiv_upload.php?upload_id=116323 から引用）

(8) ゴースト（GhOST）

ゴースト（Green emissions from excited Oxygen in Sprite Tops の頭文字をとり、小文字の h を挿入して、既存の文字にしたもの）は、カラー画像が得られるようになってから、発見された最も新しい高高度発光現象で、まだ、論文での発表はありませんが、インターネット上では、2020 年にアメリカのストームチェイサーによって発見された現象として閲覧できます（図 2.4.9）。なお、他のストームチェイサーによって調べられた過去画像（2019 年）からも同種の現象が見つかっています。スプライトの頂部が緑色にスポットまたは頂部全体がぼんやりと緑色に発光する現象で、成因は緑色のオーロラと同じように、酸素分子の励起によるものと発見者らは考えています。

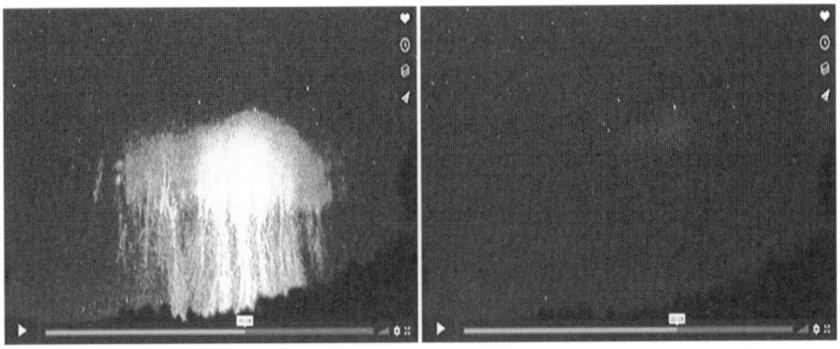

図2.4.9　アメリカニューメキシコ州で2020年5月25日に撮影されたゴースト（Thomas Ashcraft 撮影、https://vimeo.com/423369251 の動画から抜粋）右図の淡い発光がゴースト

(5)～(8) の光学観測報告はあまり多くないためその発生メカニズム、親雷雲の特徴および原因となる雷放電は不明ですが、現在までに報告された特徴は上記の通りです。

2. 富士山からの雷観測

鈴木智幸・鴨川仁

これまでは、高高度放電発光現象を主に紹介してきましたが、私たちが富士山頂から高高度放電発光現象の観測を開始した2012年から新型コロナウイルスの流行により観測が中断される以前の2019年までの間に、非常にクオリティの高い画像が撮影されています。夏季の地上は水蒸気量が多く霞んでいることも多いのですが、富士山頂は標高が高いこと、空気が澄んでいることから、非常に遠くまで見渡すことができます。図2.4.7に示した巨大ジェットは、富士山頂から350km離れた東北地方で発生した事例ですが、巨大ジェット全景と雷雲雲頂が非常によく撮れています。また、多くの孤立積乱雲や雷放電も撮影されたことから、代表的な事例をいくつか紹介します。これらの画像が示すように、富士山から雷雲を見る

図 2.4.10　富士山頂から 2014 年に撮影された雷放電発光と親雷雲

図 2.4.11　富士山頂から 2015 年に撮影された孤立積乱雲と雷放電発光

図 2.4.12　富士山頂から 2015 年に撮影された「青天の霹靂」

と、地上から見上げる景色とは大きく異なり、雲を見上げるのではなく、雲を横から見ることができ、雲の下部から上部まで非常に鮮明に見ることができます。

図 2.4.10 は、2014 年に山頂から撮影された、富士山のすぐ北側で発生した雷放電の画像で、雷放電に伴う発光を背景に多くの積乱雲が群れを成して広がっていることがよくわかります。

図 2.4.11 は、2015 年に撮影された画像で、秩父山地で発生した孤立積乱雲が雷放電を繰り返しながら東へ移動し、雲放電の後に対

地放電に至り、雲全体が強く発光している様子がよく捉えられています。

図2.4.12は、2015年に撮影された層状雲からの対地雷で、画像全体がフラッシュオーバーするほどの強い発光が見られ、大きな電荷が中和されたことが示唆されました。右図からは、層状下部から地上まで達する放電路がはっきりと見えています。

3. 雷の最新の観測と研究

安本勝・佐々木一哉

現代の私たちは、雷が電気であることは知っています。少し詳しい人は、雷が雲と地上との間や雲と雲の間の放電現象だということも知っているでしょう。つまり、上空と地上や雲と雲の間に大きな電位差が発生したとき、通常は電気を通すことがない空気の中を電気が流れる現象が雷です。しかし雷の発生原理はまだ十分には解明されていません。私たちが見る雷にもいくつかの種類があります。また、スプライトやブルージェットなど、といった非常に多くの種類の超高層雷放電現象など、地上からは見ることができない雷もあります。

富士山の山頂付近は、年間に多くの雷が発生します。雷雲が山頂より下にあれば、下から山頂に向かって登ってくる雷も発生します。また、富士山から数百kmも離れた場所で発生する雷雲から上空に放電する超高層雷放電現象を観測することもできます。富士山の山頂は、雷を研究するための最適な場所だと言えます。そこで、本NPOでは、長い年月をかけて雷についてたくさんのことを研究してきました。その中から、本章では、雷電流を測定しようとして始めた雷に関する研究について紹介します。また、最近の研究では、雷が発生の前後のとても短い時間に生じる大気中の電場の変化をも捉えることができており、これらの研究成果は雷の発生メカニズムの解明や雷の予知につながる重要な知見をもたらしているので、それらについても少しだけですが紹介します。

3.1　富士山頂での雷観測の準備

雷の電気量は、クーロン（C）という単位で表されます。似た言葉に電流というのがありますが、これは1秒間に何クーロンの電気量が移動するか、すなわち電気量の移動速度（秒速）を表すもので、アンペア（A = C/s）という単位で表されます。著者らは、雷の電気量を、「フランクリンの凧」と呼ばれる18世紀に考案された方法をもとに、最新の機器と工夫して作った手作りの装置を組み合わせて測定しています。

富士山の山頂には、以前は気象観測用のレーダードームがありました。富士山は日本で最も高い山であり、その高い山頂からは四方を遠くまで見渡せるからでした。しかし、衛星による気象観測が可能となったことで、レーダードームは気象観測のための役目を終えました。その後は、本書に記載しているように、本NPOが中心となり、多くの研究者のサポートをしながら、新たな分野の研究の場

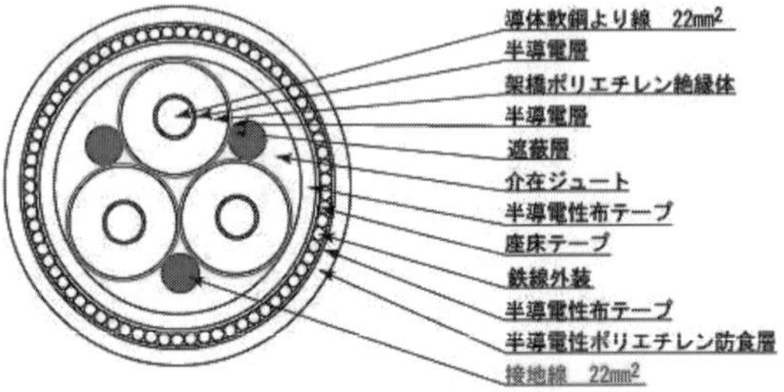

図 2.4.13　富士山測候所引き込み高圧ケーブルの構成
架橋ポリエチレン絶縁ポリエチレンシースー重鉄線外装ポリエチレン防食ケーブル

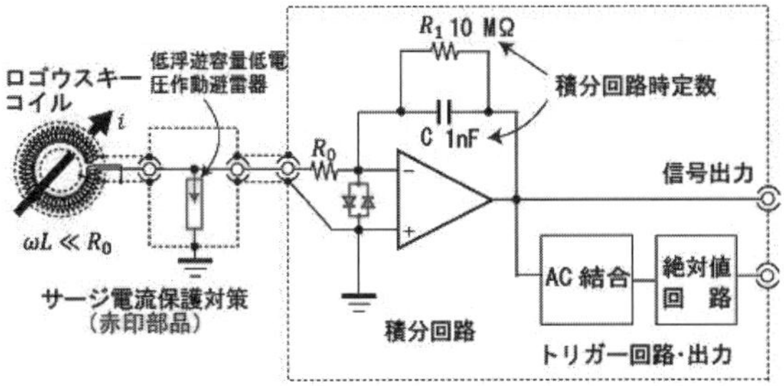

図 2.4.14　ロゴウスキーコイル電流計の基本回路

として活用されています。そのいきさつについては第 1 部第 2 章に記載してある通りです。さて、富士山の山頂からはすでにレーダードームが撤去されてしまいましたが、当時使用していた、電力供給のための山麓からつながる高圧ケーブルは残されています。現在の研究活動でも、その多くの電源はこのケーブルを使用しています。ちなみに、この高圧ケーブルの維持・修繕・管理の費用は莫大であるため、本 NPO の活動における最も多くの費用がかかる大変な事業です。しかし、せっかく長い高圧ケーブルが山麓から山頂までつながっているのですから、単に電源ケーブルとしてだけではなく、これ自身を研究の道具としようというのが、雷の電気量観測の研究です。つまり、富士山の山頂にある観測所をフランクリンの凧の「凧」に見立て、高圧ケーブルを「凧糸」に見立てたわけです。18 世紀に実施された実験よりもとても大きな規模の凧を揚げて、雷の研究をしようということにしました。

高圧ケーブルは海底ケーブルと同じ仕様のものです。ケーブルは、山麓から山頂までの間を、地中に埋設したりして全長で約 7km もの長さでつながっています[注1]。直径は 5.6cm で、断面は図 2.4.13 に示すように内部に三相電源導体と 3 本の接地線が含まれています。

電流が流れるには、行きの回路と帰りの回路が必要です。しかし、三相電源導体には、位相が120度ずつ異なる三つの正弦波電流が流れており、それらを足し合わせたベクトル和がゼロになるため、各電源線に電流が流れてもケーブル全体には見掛け上電流は流れません。外部に漏れる電流がなければキルヒホッフの法則から回路電流の和はゼロになるということです。一方、雷などの影響で、外部から高圧ケーブル内の接地線を流れる電流があると、そのまま高圧ケーブルに流れる電流として測定されます。この電流は落雷電流の原因となる雷雲電荷の地上誘導電流がケーブルを通して落雷点に集まり中和することで流れます。

高圧ケーブルに流れる電流を測定する基本回路を図2.4.14に示します。分割形ロゴウスキーコイル[注2]というものを使って高圧ケーブルを流れる電流を検出・測定します。測定の詳しい原理は注2をご覧ください。ここで、ロゴウスキーコイル電流計には、一定レベル以上の電流が流れると、信号が発せられて、デジタルストレージオシロスコープがその測定値を記録されるように設計しました。接

注1　細かい実情をいうと、富士山の電源ケーブルの全長は10.9kmありますが、山麓の73号柱（標高1,575m）までは架空線で、これより上が埋設されています。この測定では、埋設線が測定の対象で、また凧（測候所）が3,776mの高さにあることが重要であり、1,575mの高地からの凧揚げをしている状況、あるいは1,575mの巨人による凧揚げを想像してください。

注2　測定の原理：高圧ケーブルの電流が作る周方向磁束変化を微分して得られるロゴウスキーコイルの出力電圧変化を抵抗で電流にし、それを積分して被測定高圧ケーブル電流に比例した信号電圧を得て、高圧ケーブルの接地線電流が求められます。ロゴウスキーコイルは、軸方向の磁束については一方向でなく、戻るように巻かれ（巻数はゼロ）、軸方向の磁束には感応せず、軸方向に流れる電流が周方向に作る磁束のみに感応するようにしたコイルです。このロゴウスキーコイル出力電圧は、接地線電流が作る周方向磁束変化を微分したものであり、出力電圧に比例した電流を積分することで、雷現象により高圧ケーブルに流れる電流（値）が求められます。

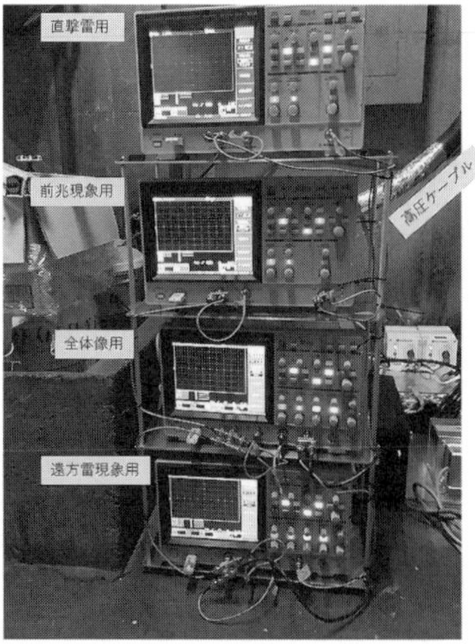

図 2.4.15　接地線電流測定系の設置状態

地線電流測定のためのロゴウスキーコイルは、山頂付近に直接落雷が生じる直撃雷による大電流を測定するための低感度用と山頂から少し離れた場所への落雷などの周辺雷現象による小さな電流を測定するための高感度用との 2 種類を作成しました。直撃雷電流が流れると高感度ロゴウスキーコイル出力には大きいサージ電圧と呼ばれる瞬間的大電圧が発生し、測定系の入力部を破損させてしまいます。その対策として、入力部に保護回路も付けました。作成した観測装置は、雷の電気量だけでなく、雷が発生するときの前兆現象なども捉えることができるように工夫した設計としました。

測定系を図 2.4.15 に示す状態で設置しました。設置場所は、測候所変電設備のある第 4 庁舎（図 1.2.12 参照）の高圧ケーブル引込箇所です。最上段を測候所への直撃雷の観測、中上段を直撃雷の前兆現象の観測、中下段を前兆現象と引続く落雷の全体像の観測、および下段を遠方の雷現象の観測に用います。後ろに写っているのが測定する接地線を内蔵した高圧ケーブルです。

実は本研究を開始した 2011 年の測候所の接地系統の調査により、高圧ケーブルに接地線が内蔵され山麓側接地極に接続されていることがわかりました。すなわち、電源を使用していても電源電流の影響は現れず、測候所への直撃雷電流があれば、それだけを測定できるのだろうというアイディアが浮かびました。そこで2012年に測定を開始しました。しかし、その年の夏の測定期間7～8月には残念なことに直撃雷はなく測定できませんでした。その代わりに、周辺の雷現象による電流を観測できました。これを観測ができたことで、接地線電流測定により測候所周辺の雷現象の測定が可能だとわかり、直撃雷だけでなく周辺の雷現象の測定も行うことにしました。

はじめて直撃雷を観測したのは2015年8月13日05:06であり、その雷の前兆現象も観測できました。その後の研究で、これまでに山麓につながる接地線電流測定により次の五つの雷現象を観測できることがわかっています。落雷電流測定では、①測候所直撃雷電流、②測候所電極捕集電流、③山麓からの逆流電流、を測定できます。雷雲の電荷量変化による電流測定では、④静電誘導電流、雷放電路電流が周囲に作る磁束による循環路起電圧による電流測定では、⑤電磁誘導電流がわかります。実際には一つの落雷に対して複数の雷現象が同時に観測されます。

3.2　富士山頂での雷観測

さて、これで観測装置が完成し、準備が整いました。いよいよ凧を揚げての実験です。

測候所は、富士山頂剣ヶ峰の3,776mの高さにあり、それだけ雷雲の近くにあることになります。この測候所を凧に例えると、図2.4.16に示すようになります。山麓から富士山測候所（南北約60m × 東西約27m）という大きな面積の凧を、高圧ケーブルという凧糸で3,776mに揚げていることになります。この凧は雷雲と近く、避雷針ならぬ誘雷針（つまり雷をわざと引き寄せるもの）であり、高電界の集光レンズ状の電場形成により雷を集め、落雷頻度は高くなります。また、静電容量は大きくなるため、雷雲の電荷変化によ

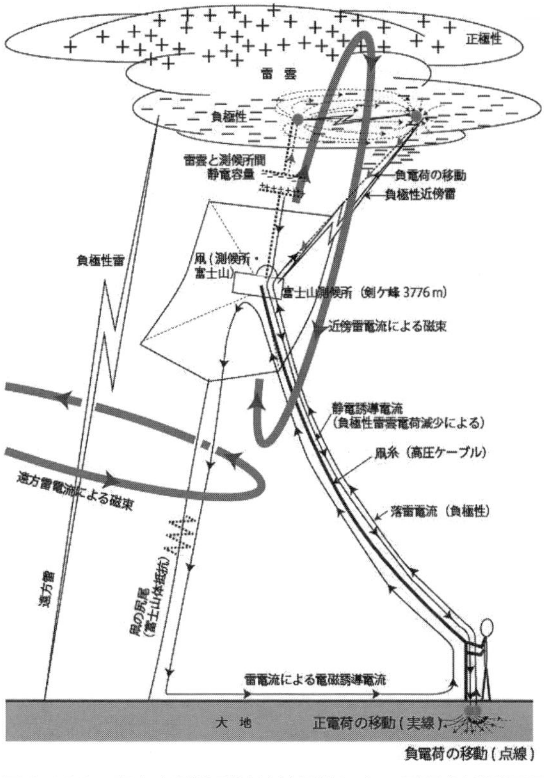

図 2.4.16　富士山測候所接地線電流による雷現象観測原理の凧によるアナロジー

る誘導電流は大きくなり、いろいろなデータを高感度で捉えることが可能です。

雷電流が雷放電路周方向に作る電磁束の一部が、接地線内蔵の約 7 km の高圧ケーブルの凧糸と富士山体抵抗の凧の尻尾が大地と接触して作る循環路を通ることで起電力（すなわち電流を流す駆動力）が発生します。循環路に磁束密度の変化を抑制する電流を流そうとするためです。この起電力によって循環路に電流が流れます。循環路のインピーダンスは富士山体の抵抗が支配的になるため、循環路電流の値は、起電力を富士山体の抵抗値で割り算したものになり、起電力に比例します。循環路は大きくなるので、雷電流による磁束がたくさん通ることになり、遠方でも高感度に雷放電現象を検出できるようになっています。

当初、ロゴウスキーコイル電流計のオフセットによる変動かと思っていたものが、実際は静電誘導電流を測定していたことがわかりました。例えば、負極性雷放電により雷雲電荷が小さくなると測候所での正の誘導電荷も小さくなり、その減少分に見合う正電荷が山麓側に流れます。また、負極性雷雲が近づくと測候所の正の誘導電荷が大きくなり、増加分に見合う電荷が山麓から測候所側に流れ負の電流として検出されます。

この検出法では、雷現象が起こると次のような3通りの測定が行われます。

(1) 遠方の雷現象の場合、静電誘導電流の影響は無視でき、また対地落雷による電流の影響も無視できるようになり、したがって雷放電電流との電磁結合による接地線電流が測定されます。

(2) 雲放電の場合、電磁結合と静電誘導が重畳した接地線電流が測定されます。

(3) 測候所近傍の落雷の場合、落雷電流、静電誘導電流、および電磁結合の三つが重畳した接地線電流が測定されます。

このように、接地線電流測定を行うことで、雷現象の特徴ある観測が可能になり、他の落雷情報や電場測定と合わせることで、これまで以上に雷現象をより正確に捉えることが可能になりました。

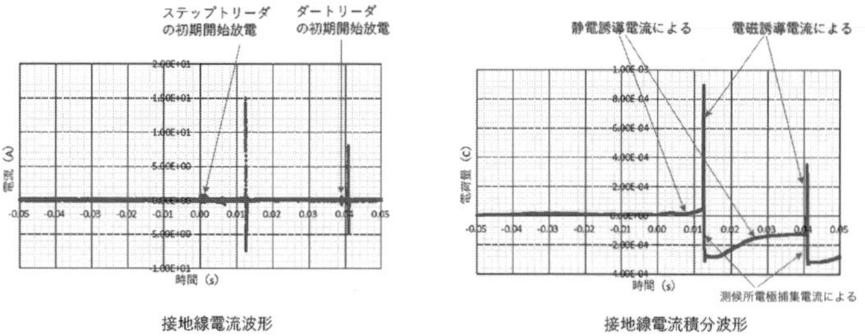

図 2.4.17　測候所周辺の二重落雷と推測される測定例　2019 年 7 月 23 日 01:23:50（JST 校正済）±1 ～ 2（s）

山頂で雷の頻度が大きいのは、大きな電場強度が形成されるためです。著者らが開発したこの接地電流測定法を用いると、山頂での雷現象が多数測定され、富士山の雷現象の特徴を解明することができます。また、富士山の雷雲を反映した、雷現象の特徴を捉えることができます。

図 2.4.17 は 2019 年 7 月 23 日 01:23:50 に測定された接地線電流波形とその積分波形です。接地線電流波形には落雷初期の前兆現象の開始時の放電が観測され、積分波形からは第一落雷と第二落雷に相似性があり、二重落雷であることがわかります。測定した雷現象には落雷電流（測候所電極捕集電流）、電磁誘導電流、および静電誘導電流の三つの現象が重畳しています。接地線電流測定で捉えた雷現象の特徴が見事に現れている測定例です。

毎年、この新しい方法をさらに使いやすいものへと改良しながら研究を続けることで、雷についての疑問をさらに解明しつつあります。

コラム 15　フランクリンの凧

フランクリンの凧とは、雷が電気であることを実証するためにアメリカのベンジャミン・フランクリン（Benjamin Franklin、1706 ～ 1790 年）が考案した実験の通称です。

フランクリンの生きた 18 世紀は、電気が知的階級から注目され始めた時代です。この頃は、電気をエネルギーとして活用するまでには至っておらず、「電気興行師（エレクトリシャン）」という職業の人が静電気を使った手品をしたり、医療の手段として使ったりしていました。日本では、平賀源内が長崎に医療機器として入ってきた静電気発生装置を修復して「エレキテル」という名前で注目を浴びたのは 1776 年（安永 5 年）ですから、フランクリンの凧の実験はこの 25 年程度前の実験です。

フランクリンは、科学者であり、フランクリン・ストーブ、遠近両用眼鏡、グラスハーモニカなどの多くの発明をした発明家でもあり、また同時に文筆家、外交官、政治家など幅広く活躍し、アメリカ独立宣言の起草者のひとりとなりトーマス・ジェファーソンらとともに最初に署名した 5 人の政治家のひとりでもあります。つまり、いろいろなことに興味がわく人物でした。当然のようにフランクリンも電気に魅了されたのでしょう。当時フランクリンはライデン瓶に電気を貯めることができることを知りました。ライデン瓶はガラス瓶の外側と内側に錫（スズ）箔を貼り、絶縁性の蓋の中心に金属棒を通して内側の箔に接着させたもので、コンデンサーの原理で電気を貯めることができました。

そこでフランクリンは、雷の正体が電気であることを証明するための実験を考案し、1749 年に英国王立協会の会員である、植物学者のピーター・コリンソン（Peter Collinson、1694 ～ 1768 年）に手紙を送ってその方法を提案しました。すると次第にこの実験がヨーロッパでも話題になり、1752 年 5 月 10 日にはフランスのダリバール（Thomas-François Dalibard、1709 ～ 1778 年）が Marly-la-Ville の地で、40 フィートの金属棒を使用してフランクリンの提案した実験にはじめて成功しました。その後、フランクリン自身も 1752 年にアメリカで実験を行い、雷が電気であることを証明しようとしました。そして 1952 年 10 月 19 日付のペンシルバニア・ガゼッタ紙に実験についての説明記事を載せました。ただし、フランクリン自身が本当に実験を行ったか否かについては、実験記録がなく証人もいないため不明とされています。しかし、世界的名声と名誉あるロンドンの王立協会会員資格を手にし、1753 年にはフランクリンは王立協会のコプリー・メダルを受賞しました。様々な功績により「代表的なアメリカ人」と称されたフランクリンは、肖像がアメリカ100ドル札にも使用されました。なお、フランクリンは、この性質を応用して避雷針を発明しました。

さて、このときフランクリンが実際に行ったとされる実験とは以下のようなものです。まず、雷雨でも破れないとても丈夫な凧を作ります。凧糸は絹製とし、先端に金属の鍵を結びつけます。この凧を雷が発生しているときに揚げると、鍵が帯電してライデン瓶に電気を蓄えるというものです。

フランクリンが実験に成功したとされる後も、この実験は多くの学者によって繰り返されました。この極めて危険な実験で、死者が出たとも言われています。一連の実験により、「雷は電気である」、および「凧糸のような柔らかいものでも電気を通すことができ、特に水に濡れていると電気を通しやすい」ことがわかりました。「雷の電気はプラスとマイナスの両方の極性がある」ことも確認したとされています。

安本勝・佐々木一哉

第５章　気候影響

1. 温室効果ガスによる地球温暖化

野村渉平

1.1　温室効果ガスと生命体

地球は、太陽から受け取ったエネルギーと同量のエネルギーを赤外線の形で宇宙に向けて放出しています。その地球から放出される赤外線の一部は、地球の大気に含まれる温室効果を有する気体（例えば、水蒸気・二酸化炭素（CO_2）・メタン（CH_4））に吸収されています。その作用により地球の大気に熱が留まり、地球の平均気温は約15℃に維持されています。

この地球の平均気温約15℃は、生命体の活動に適しているため、驚くほどの多種多様な生命体が地球上で展開されています。ただし地球上の生命体は、これまで５度の大量絶滅を経験しており、その内、4度の生命体の大量絶滅は地球の大気中温室効果ガス濃度が短期間に変動し、それに伴い平均気温が大きく変動したため生じたと考えられています（他一つのイベントは、ユカタン半島への巨大隕石の衝突による恐竜等の絶滅イベント）。すなわち地球上の生命体は、気温と温室効果ガス濃度に強く依存していると言えます。

1.2　人為活動と大気中 CO_2 濃度

人類は、地下に埋蔵された化石燃料を探索し採掘し、その化石燃料を燃焼することにより機械の動力等を得て、現在の社会を維持しています。また人類は、好む食料を生産するために土地を被覆していた多種多様な植物を取り除き、限られた種類の穀物と野菜を栽培しています。この化石燃料の燃焼や人類の好みに適合した土地利用などにより、地下・土壌・植物に固定されていた主に CO_2 からなる温室効果ガスが、大気に放出され続けています。そして、現在、人類が排出している CO_2 量の速度は、これまで4度の生命体の大量絶滅の主因となった CO_2 放出量の速度より10倍から100倍速いのです。そのため陸地を被覆する植生や地球表面の約7割を占める海洋による CO_2 吸収では人類が放出するすべての CO_2 を吸収することはできず、大気に一部の CO_2 が毎年蓄積しているのです（図2.5.1）。

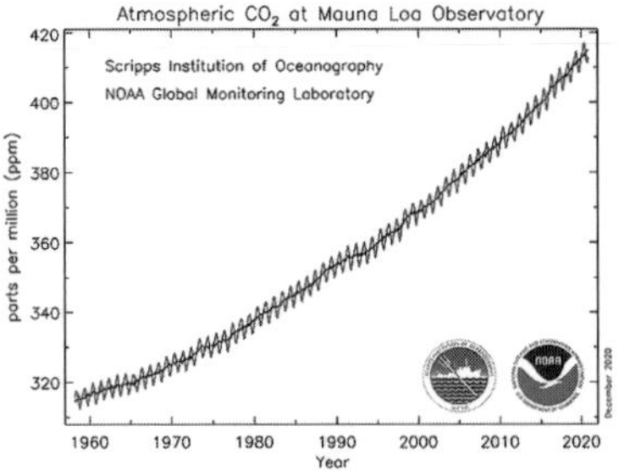

図2.5.1　1958年からハワイ島で測定されている大気中 CO_2 濃度の季節変動と長期トレンド

（https://www.esrl.noaa.gov/gmd/webdata/ccgg/trends/co2_data_mlo.png）

1.3　大気中 CO_2 濃度観測の開始

この大気への CO_2 の蓄積は、キーリング（Charles Keeling）博士（1928～2005年）による観測研究により明らかにされました。彼は、大気中の CO_2 濃度のわずかな変化（±0.1ppm）を検出できる高精度の測定法を確立し、その技法を用いて1958年から人為起源の CO_2 排出の影響をほとんど受けないハワイ島と南極で大気中 CO_2 濃度の連続測定を開始しました。この観測研究により、まず北半球では植物の光合成の影響により夏季に CO_2 濃度が低下し、植物の呼吸の影響により冬季に CO_2 濃度が増加することが明らかにされました。そして翌年の CO_2 濃度の年平均値が、前年の CO_2 濃度の年平均値より若干高いこと（約0.8ppm）も明らかにされまし

図 2.5.2　2年に1度行われる温室効果ガス観測を実施している研究者同士の会議の集合写真（スイス、チューリッヒで行われたGGMT2017での写真）

た。

同時期（1955年）にスゥース（Hans Suess）博士（1909～1993年）が20世紀初頭から樹木の年輪の全炭素に占める放射性炭素（^{14}C）の割合が減少していることを発見しました。数百万年前に生成された化石燃料中の放射性炭素（^{14}C：半減期5,700年）は、すべて崩壊しているため、化石燃料の燃焼は大気中の全炭素に対する放射性炭素の割合（$^{14}C/C$）を減少させます。すなわち、キーリング博士により明らかにされたCO_2濃度の上昇は、人類が行っている化石燃料の燃焼により放出されたCO_2が主因であることが示唆されました。

キーリング博士による観測研究を皮切りに、CO_2以外の温室効果ガス（CH_4やN_2O）の濃度観測や、他の地域に拠点をもつ観測グループによる温室効果ガス濃度の観測が実施されました。その結果、不規則と思われていたCO_2濃度の1年間の増加率の変動がエルニーニョ南方振動（ENSO）（数年おきの自然の気候振動で熱帯域とその他の多くの地域の気温、降水量、CO_2 の交換を変化させる）の変動と著しく類似していたことや、温室効果ガスの排出源と吸収源の強度が地域ごとに異なることが明らかにされました。さらに観測研究を展開している機関同士の連携が進み（図 2.5.2）、地球全体の温室効果ガスの循環メカニズムの研究が進展しました。

1.4　国立環境研究所による地球環境モニタリング

国立環境研究所は、1993 年と 1994 年にそれぞれ沖縄県波照間島と北海道落石岬《おちいしみさき》に地球環境モニタリングステーションを設置し、温室効果ガス濃度等のモニタリング事業を開始しました。波照間ステーションでは中国沿岸域で人為的に排出された CO_2 等、落石岬ステーションではシベリア域の光合成により吸収された CO_2 や森林火災により放出された CO_2 等、設置された地域周辺の温室効果ガスの情報を詳細に検知しました。これらのモニタリングステーションで得られた観測結果は、温室効果ガス観測の空白域であった

図 2.5.3　国立環境研究所の地球環境モニタリングステーションの位置と観測所の全容

東アジア域での温室効果ガスの実態を明らかにしてきました。

しかし波照間ステーションと落石岬ステーションの位置（図2.5.3）は、東アジア域で人為的に排出される CO_2 が多い北緯25度から北緯35度の地域からは外れていました。そのため、本州を一帯とする地域の温室効果ガスのデータはほとんど取得されていませんでした。その要因は、安定した温室効果ガスの観測条件である植生が乏しく人口密度が極めて低い地域が限られていたためです。観測所を設置する場所から半径1kmでの自動車の走行や、民家が点在している場合は、それらからの CO_2 排出の影響を受けてしまうため、CO_2 濃度の観測で求められる測定精度（±0.1ppm）を担保することは困難です。また観測所を設置する地域において事業所や都市が点在している場合も同じように、温室効果ガスの安定的な観測は困難です。そのため、これまで本州を含めた地域で温室効果ガス観測はほとんどされてきませんでした。ただし、本州において安定した温室効果ガスの観測が実施できると確証が得られた観測地点が一つありました。その地点は富士山の山頂なのです。

1.5　富士山頂での大気中 CO_2 濃度観測

日本で先駆的な温室効果ガスの研究を行っていた東北大学は、1980年と1981年に富士山頂での CO_2 濃度観測を実施し、富士山頂で安定した CO_2 濃度の観測が行えることを明らかにしました。また富士山頂の CO_2 濃度は東アジア域のバックグラウンド濃度であることを示唆しました。その後、気象研究所が2002年から2004年に富士山頂での CO_2 濃度観測を実施し、富士山頂での観測は、アジア域のバックグラウンド濃度の取得とアジア域の人為起源の排出の解明に寄与できることを明らかにしました。

上記二つの富士山頂での観測の取り組みから、富士山頂の観測環

図 2.5.4　旧富士山測候所に設置された大気中 CO_2 濃度観測システム

境は、現在、長期間運用されている温室効果ガス観測点の周囲に温室効果ガスの排出源・吸収源が確認されない観測環境と遜色がないことが明らかとなりましたが、富士山頂の観測で使用していた富士山測候所が 2004 年に閉鎖され、測候所への商用電源の供給が絶たれたことから、富士山頂での観測研究は途絶えてしまいました。

しかし翌 2005 年に富士山頂の観測環境の希少性を認識する科学者たちが NPO 法人富士山測候所を活用する会を発足させ、富士山頂での研究事業の道を開きました。翌 2006 年に国立環境研究所が富士山頂で長期間の大気中 CO_2 濃度モニタリングが実施できる観測システムの作成に取りかかり、3 年間の準備期間を経て、富士山頂での観測用に開発した CO_2 濃度観測システムを 2009 年に富士山頂に設置しました（図 2.5.4）。

1.6　CO_2 濃度観測システム

旧富士山測候所に設置された CO_2 濃度観測システムは、通常の

図 2.5.5　保温対策が施された CO_2 濃度観測システム

観測システムの仕様と異なる点が数多くあります。それは旧富士山測候所の観測環境が通常の観測地点の観測環境と大きく違うためです。

まず旧富士山測候所には夏期を除く約10か月の期間、商用電源が供給されません。そのため、バッテリー100個に蓄電された限られた電力のみで、長期間、CO_2 濃度を測定できる省電力型の観測システムを設計しました。また旧富士山測候所では空調設備がないため、観測システムの稼働で発生した熱を効率よくシステム内に留められるように何重にも保温対策を施しました（図2.5.5）。さらに高山病を発症してもメンテナンス作業が滞りなく実施できるよう、バッテリーへの充電を自動化して、作業の省力化に努めました。

1.7　富士山頂の CO_2 濃度（vs マウナロア観測所の CO_2 濃度）

我々が富士山頂に観測システムを設置して以降、欠測期間は全期間のわずか4%でした。欠測の要因は、落雷の影響によるものであり、落雷後、観測システムに強固な雷対策を施し、それ以降、落雷の影響は受けていません。

図 2.5.6 に 2009 年から富士山頂で計測された大気中 CO_2 濃度を示しました。季節変動を取り除いた長期トレンドの濃度値を見ると、富士山頂の CO_2 濃度は 2009 年 7 月に開始した時点では 388.3ppm でしたが、最新（2020 年 12 月時点）では 415.8ppm と 11 年 5 か月で 27.5ppm 増加しました。

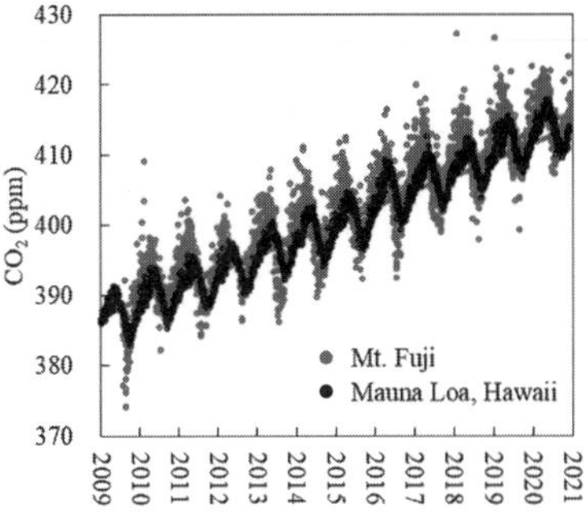

図 2.5.6　富士山頂とマウナロア観測所の CO_2 濃度

富士山頂の CO_2 濃度は、北半球の平均的な濃度を示すハワイ島のマウナロア観測所の CO_2 濃度と比較して、夏季は低く、冬季は高くなりました。これは富士山頂がアジア大陸で生じた夏季の植生の光合成による CO_2 吸収と冬季の植生の呼吸と人為的による CO_2 排出の影響を相対的に強く受けたためです。

富士山頂で観測を開始した当初では、富士山頂の年平均 CO_2 濃度は、マウナロア観測所の濃度と同程度でしたが、その後、両者の濃度差は拡大傾向にあり、2020 年現在の両者の濃度は約 2.1ppm の開きがありました。これはアジア域での CO_2 の排出源の強度が増加傾向にあるためです。

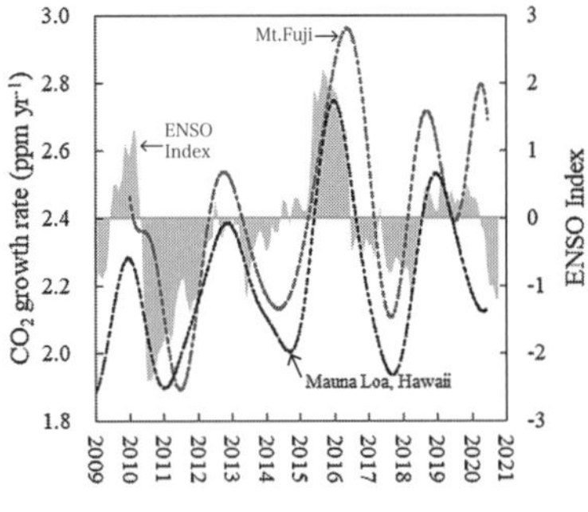

図 2.5.7　富士山頂とマウナロア観測所の CO_2 濃度増加率と ENSO Index

図 2.5.7 に富士山頂とマウ

ナロア観測所の CO_2 濃度の増加率と ENSO（ElNino Southern Oscillation; エルニーニョ南方振動）Index を示しました。富士山頂の CO_2 濃度増加率の変動は、マウナロア観測所の CO_2 濃度増加率の変動と同様に ENSO Index の変動と同調していました。これは富士山頂の CO_2 濃度増加率がエルニーニョ/ラニーニャ現象に強い影響を受けているためであり、さらに CO_2 濃度増加率が右肩上がりなのは人為起源の CO_2 排出量が右肩上がりで、その影響を強く受けているためです。

1.8　新型コロナウイルスの影響による人為起源の CO_2 排出量の低下

2020 年 1 月から 3 月に中国の武漢で新型コロナウイルス蔓延防止対策として国民の移動を制限するロックダウンが行われました。これにより中国国内の経済活動の一部が一時停止状態に陥り、人為的に排出されていた CO_2 量が例年に比べて減少したと推定されました。

冬季の富士山頂は、他の温室効果ガス観測点より相対的に中国から人為的に排出される CO_2 の影響を強く受けています。そのため図 2.5.8 の左図に示したように 2020 年 1 ～ 3 月の富士山頂の CO_2 濃度は例年（2010 ～ 2019 年）1 ～ 3 月の CO_2 濃度より低濃度で推移しました。一方、マウナロア観測所の 2020 年 1 ～ 3 月の CO_2 濃度は例年（2010 ～ 2019 年）1 ～ 3 月の CO_2 濃度と大きな違いはありませんでした。これはマウナロア観測所が太平洋の中央に位置するハワイ島にあり、今回のアジア大陸で排出された CO_2 量のわずかな変化を検出できなかったためだと考えられます。

そこで富士山頂とマウナロア観測所の CO_2 濃度の差（ΔCO_2）を求めると（図 2.5.8 右図）、2020 年の ΔCO_2 濃度は例年（2010 ～

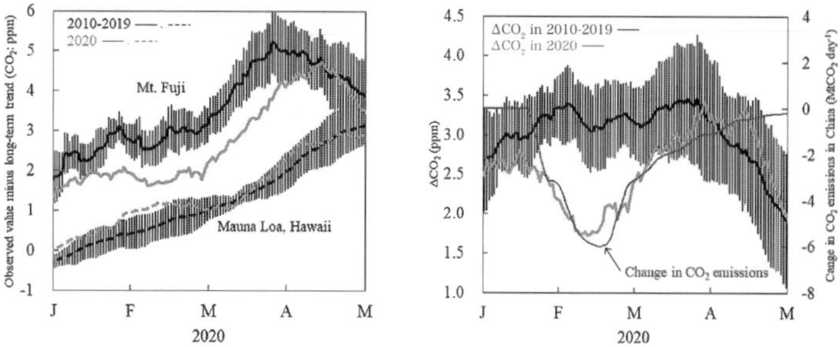

図 2.5.8　1-3 月の富士山頂とマウナロア観測所の CO_2 濃度の季節変動（左）と 1-3 月の ΔCO_2 濃度（富士山頂 CO_2 濃度-マウナロア観測所 CO_2 濃度）と中国の CO_2 排出量の変化量（右）

2019 年）の ΔCO_2 濃度より大幅に低くなりました。さらに 2020 年の ΔCO_2 濃度の推移は、モデルで求められた中国の CO_2 排出量の低下量の推移に近い値を示しました。

すなわち富士山頂で観測された CO_2 濃度は、マウナロア観測所の CO_2 濃度との比較から中国の CO_2 排出量の増減を検証することに有効だということが明らかとなりました。現在、中国から排出される CO_2 量は国別で世界最大であり（人類史上でも最大だと予想される）、中国から排出される CO_2 の量の増減が将来の全球の CO_2 濃度に大きな影響をもちます。富士山頂での CO_2 濃度観測により、世界のどの地点よりも早く中国から排出される CO_2 の量のわずかな変化を捉えることができると考えられます。

1.9　航空機観測データと富士山頂の CO_2 濃度

低標高の地域には森林や都市が分布しています。その地域には CO_2 の吸収源と排出源の多くが存在します。この地域で生成された CO_2 は大気に放出されたあと、海抜 0m から約 2,000m の大気境界層の中で拡散・循環します。一方、標高 3,776m の富士山頂は、大気境界層の上部にある自由対流圏に位置します。この自由対流圏の CO_2 濃度は、大気境界層内の CO_2 の拡散・循環の影響をほとんど受けないため、規則的な日変化や突発的な低濃度化・高濃度化はほとんど生じない安定した CO_2 濃度観測が行えます。

自由対流圏での温室効果ガス観測は、安定的に行えるため理想的な観測環境ですが、自由対流圏に位置する温室効果ガスの観測地点は、世界で数えるほどしかありません。なぜなら高標高地域はアクセスが困難で、物資の輸送や商用電源の供給などの課題も容易に解決できないためであり、多くの温室効果ガス観測地点は孤島や岬に設置されています。

そのため自由対流圏の CO_2 濃度の計測を実施する場合は、航空機を用いることが一般的です。航空機室内の室温や気圧を調整するために設けられた外気を取り込むラインに CO_2 濃度を連続観測できる装置を組み込み、航空機の飛行時に CO_2 濃度を測ります。しかし航空機を用いた観測は経費がかさむため、頻繁に実施することができません。その点を解決するために、国立環境研究所を中心に CONTRAIL プロジェクトが立ち上げられ、JAL の複数の旅客機に

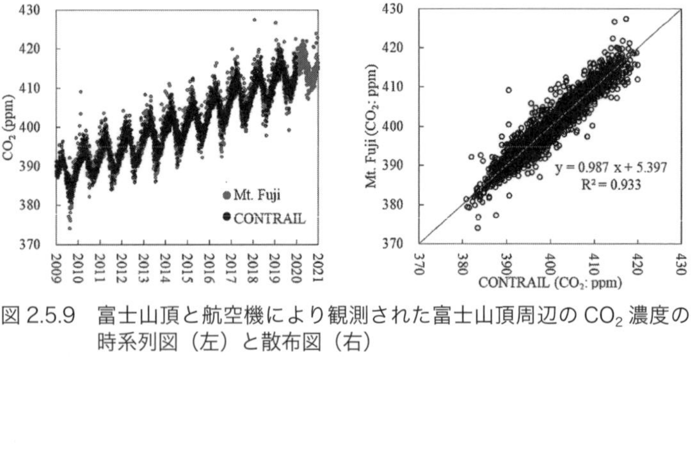

図 2.5.9　富士山頂と航空機により観測された富士山頂周辺の CO_2 濃度の時系列図（左）と散布図（右）

CO_2 濃度計測機器を搭載して、旅客機が目的地へ飛行中の CO_2 濃度を取得しています。

図 2.5.9 に富士山頂と CONTRAIL プロジェクトにより富士山頂周辺で取得された CO_2 濃度を示しました。富士山頂の CO_2 濃度は CONTRAIL プロジェクトの CO_2 濃度とほぼ同じでした。このことから富士山頂は、航空機を使用せずに自由対流圏の CO_2 濃度を常時取得できる貴重な観測地点であることが明らかとなりました。

1.10　温室効果ガス観測の未来

現在、温室効果ガスの観測は世界各地で実施され、日々観測データが蓄積されています。ただしアジア域、アフリカ域、南アメリカ域にはいまだに大きな観測の空白域が存在します。現在の新たな観測機器の開発速度、新たな解析手法の開発速度、そして研究者による新たな地域での観測事業の立ち上げを見れば、いずれ温室効果ガス観測の空白域は狭まり、人類は各地域で起こる温室効果ガスの循環のわずかな変化を検知できるようになっていくと思われます。

2015 年にパリ協定が締結され、人類による温室効果ガス排出の抑制が、人類が取り組む課題の一つとして明確に位置づけられました。パリ協定で提言された産業革命以降の温度上昇を +1.5℃に抑えるためには、大気中 CO_2 濃度を 430ppm 程度に留める必要がありますが、現在の大気中 CO_2 濃度および濃度上昇速度を考慮すると、あと 6 年程度で大気中 CO_2 濃度が 430ppm に到達してしまいます。さらに言えばあと 14 年程度で産業革命以降の温度上昇を +2.0℃に抑えるための大気中 CO_2 濃度 450ppm に到達してしまうのです。

このような危機的状況である中で、変化に気づかず同じことを繰り返す人、周囲が変化したから変化する人、自ら変化できる人がいるように、目の前にある危機に着目しない国、慌てて目標を策定している段階の国、すでに目標を見据えて取り組み始めた国があります。各国で温度差はあるものの、安価なエネルギーを多種多様な手段で手に入れられる方法を構築するために多くの資金と人材が投入され始めています。社会の変化スピードは、気候変動に取り組む研究者にとっては遅いと感じますが、それでも着実に変化は起こっていくでしょう。

私たちは、従来の温室効果ガスの濃度増加速度を下回る地域が出てくることを期待しながら、あるいは従来の温室効果ガスの濃度増加速度を上回る地域が出てくることを警戒しながら、その濃度増加率の変化等を素早く検出できるよう、温室効果ガスの観測を維持し、取得されたデータの解析を進めていこうと考えています。

2. 微粒子が気候を変える

三浦和彦

2.1　エアロゾル粒子

二酸化炭素の増加により地球の温度が上がっているのはご存知の通りで、前節にある富士山頂の値も増加しています。一方、地球を冷やす物質もあります。エアロゾル粒子です。エアロゾルとは、気体中に浮遊する微小な液体または固体の粒子と周囲の気体の混合体のことです。ある種のエアロゾルには、地球を冷やす効果があり、太陽光を直接散乱・吸収する直接効果と、雲の核（雲凝結核、Cloud Condensation Nuclei：CCN）として雲の特性を変える間接効果を有しています。

エアロゾルを構成する固体粒子や液滴などをエアロゾル粒子と呼びます。エアロゾル粒子が爆発的に増加する現象があります。これは、二酸化硫黄などの気体が化学反応で粒子化する現象で、新粒子生成（New Particle Formation：NPF）と呼ばれています。人間活動の活発な都市部ではエアロゾル粒子濃度が高いことが判明しています。しかし、地球温暖化は地球規模の問題なので、地球表面の約7割を占める海洋上の大気中でNPFが生じている可能性があります。そこで、1989年から研究船「白鳳丸」や「みらい」で毎年のように観測をしていました。残念なことに2003年の航海までNPFがほとんど観測されませんでした。観測された例も自由対流圏で生成したものが高気圧のもと、沈降したものです。確かに、航空機観測により自由対流圏においてNPFイベントがしばしば観測されることが報告されています。しかし、航空機は移動が速いため、NPFのメカニズムを解明するのは難しいのです。NPFメカニズムを調べるためには、自由対流圏での連続観測ができる山岳での観測が適しています。そして、山頂が自由対流圏に突出している独立峰である富士山は最適な観測環境にあります。

2.2　太郎坊ベースでの係留気球観測と宝永山徒歩観測

2.2.1　太郎坊ベースでの係留気球観測

はじめに、富士山中腹約1,300mの太郎坊ベースでの係留気球観測を実施しました。ロープなどで一地点につながれて自由飛行をしない気球を係留気球と呼びます。エアロゾル粒子の測定には、光散乱粒子計測装置（Optical Particle Counter：OPC）を使用しました。

気球が到達できる高度は気圧と気球の大きさや質量等によって決まります。私たちが使用した気球は、長さ約4m、直径1.5m、容積が$10m^3$の自重4kgの金魚型（図2.5.10、口絵9）で、1気圧下でも数kgしか浮力がありません。太郎坊ベースの標高は約1,300mなので地上よりも約13％気圧が低く、本気球でのこれまでの観測での最高高度が1,500mだったのを考慮すれば数百mしか揚げられない可能性がありました。仮に、自由対流圏まで測るためには標高2,000mまで揚げられても係留する計測器の重さ（約2kg）を考慮すれば、ほんの少し風が吹いただけで流されるおそれがありました。

しかし幸いにも、2005年7月15日と17日に13往復の2,000mを超える観測に成功しました。図2.5.11に示すように、高度1,550mを超えると大きい粒子の濃度が急に増加し、高度が1,660mを超えるとそれらの粗大粒子は急激に減少して低高度の領域と同濃度に戻ることがわかりました。粒径分布の形で描くとこの急激な濃度変化を示した粗大粒子の直径は1μm以上でした。これらの粗大な粒子は、雲中の高湿度のもと雲粒が成長してできたものと推定されます[1]。

図2.5.10　太郎坊での係留気球観測の様子

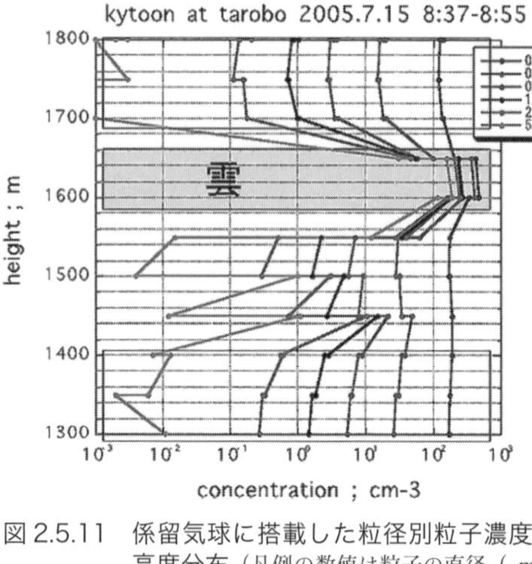

図2.5.11　係留気球に搭載した粒径別粒子濃度の高度分布（凡例の数値は粒子の直径（μm）。グラフは右から左に向かって0.3～5.0μm）

2.2.2　宝永山徒歩観測

2005年7月18日には、OPCをもって宝永山（2,693m）まで鉛直移動しながら観測を行いました（図2.5.12）。宝永山山頂では霧に包まれましたが、成長した直径1μm以上の粒子が観測されました（図2.5.13）。図2.5.14は途中、OPCで測定した粒径分布です。粒径分布も、太郎坊ベース（約1,300m）での係留観測で測定した

図2.5.12　富士の宮口駐車場
（2005年7月18日 8:50）

図2.5.13　宝永山山頂（標高2,693m、10:35-10:45頃）雲の中。

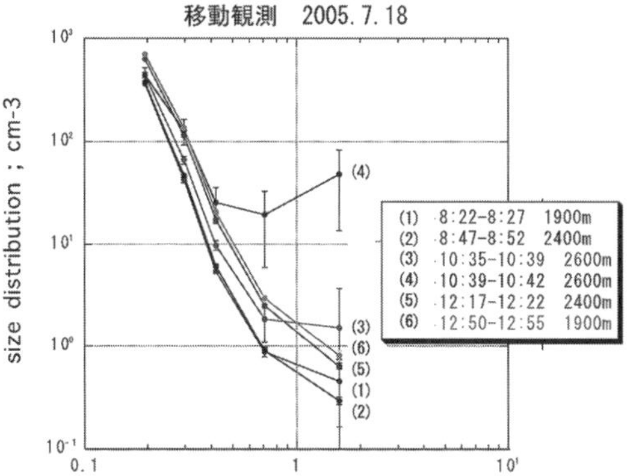

図2.5.14　太郎坊から宝永山までの移動観測で測定した標高別の粒径分布
（凡例の数値は観測した時間帯と標高）

雲内のものと同様だと判明しました。この結果、エアロゾル粒子は高湿度のもと成長して雲粒ができるというメカニズムの正しさを支持しました。

2.3　富士山頂における粒径分布の測定

2.3.1　粒子個数濃度の経年変化

2006年からは、夏期のみですが富士山頂での観測を始めました。粒径約10～5,000nm（1nmは1,000分の1μm）の大気エアロゾルの乾燥粒子の個数粒径分布を走査型移動度粒径測定器（Scanning Mobility Particle Size：SMPS）とOPCを用いて測定しました。SMPSで測定した14.9～148.6nmの総粒子数濃度、大きさ別に核生成モード（14.9～24.6nm）、エイトケン（Aitken）モード（26.4～96.5nm）、蓄積モード（103.7～148.6nm）の粒子数濃度の経年変化を図2.5.15に示します。総粒子数濃度は2006～2019年の14年の間に約3分の1に減少しました。特に核生成モードが著しく減少しました。

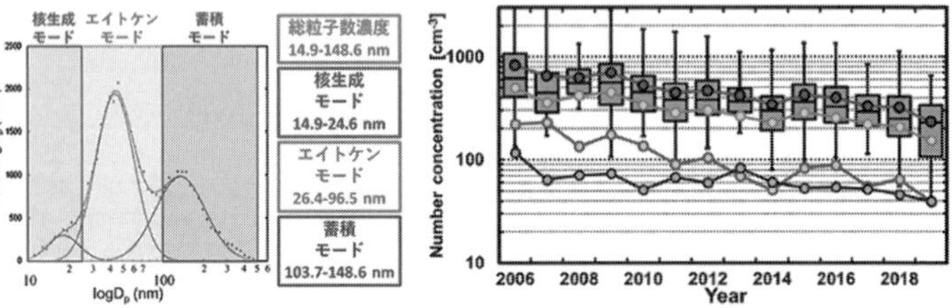

図2.5.15　典型的な観測データにおける各モードの粒径分布（左）、および富士山頂における総粒子数濃度の箱ひげ図・平均値と各モード（2006年時点の上からエイトケンモード、核生成モード、蓄積モード）の平均値の経年変化（右）[2)]

2.3.2　新粒子生成イベント

核生成モードのエアロゾルは NPF により生成され、NPF が起こると急激に高濃度になります。核生成モードが減少する原因として NPF の発生率が減少したのか、一度の NPF により発生する粒子数が減少したのかのいずれかです。

図 2.5.16 に 2006 年 8 月 5 日から 11 日に測定した粒径分布の日変化を示します。縦軸が粒径、横軸が日時、エアロゾルが低濃度だと濃い色、高濃度だと明るい色で示されています。日中高濃度となる日変化の存在がわかります。日中の粒子成長も観測されました。太郎坊でも同様な微小粒子のピークが観測されるものの、常に富士山頂のデータと同期するとは限りません。したがって、このエアロゾル粒子は下層から輸送されたものではなく、自由対流圏での NPF で発生したと推定できます。

一方、2007 年から 2015 年の観測では、NPF は昼より夜に多く観測されました（表 2.5.1）。富士山頂における NPF は、2006 年から 2019 年の全観測期間（453 日）中 291 回観測され、日中は 8 時に、夜間は 22 時に観測数のピークがありました。新粒子生成は気体の光化学反応で起こることが多いので、通常は日中に観測されます。

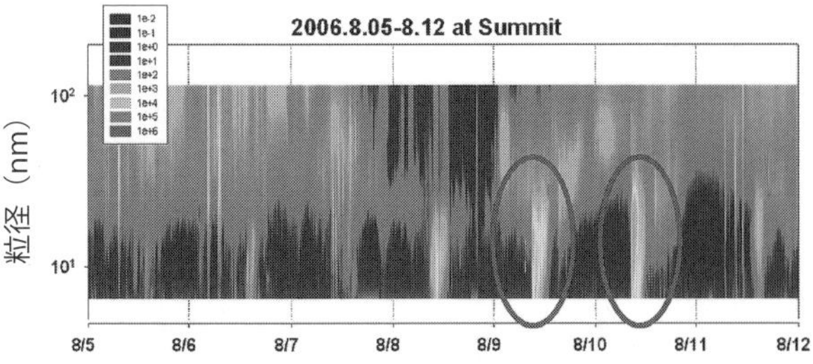

図 2.5.16　富士山頂で観測された新粒子生成

表 2.5.1　2006 ～ 2019 年におけるイベント発生率、昼夜イベント発生割合（日中：5 ～ 19 時　夜間：19 時～翌 5 時）[2]

Year	Sample days	Total events		Daytime events		Nighttime events	
		Times	Fraction [%]	Times	Fraction [%]	Times	Fraction [%]
2006	23	11	47.8	8	72.7	3	27.3
2007	25	20	80.0	5	25.0	15	75.0
2008	20	12	60.0	3	25.0	9	75.0
2009	33	28	84.8	8	28.6	20	71.4
2010	33	23	69.7	9	39.1	14	60.9
2011	41	28	68.3	14	50.0	14	50.0
2012	31	25	80.6	7	28.0	18	72.0
2013	35	22	62.9	6	27.3	16	72.7
2014	25	8	32.0	4	50.0	4	50.0
2015	32	21	65.6	8	38.1	13	61.9
2016	39	27	69.2	21	77.8	6	22.2
2017	36	20	55.6	19	95.0	1	5.0
2018	39	25	64.1	22	88.0	3	12.0
2019	41	21	51.2	11	52.4	10	47.6
Total	453	291	64.2	145	49.8	146	50.2

実際、乗鞍岳、ヒマラヤ、ユングフラウヨッホなど他の山岳地域では、夜間には観測されません。夜間でも観測されるのは富士山に特有です。日中に他の場所で生成された粒子が時間をかけて輸送されたか、自由対流圏で日中生成されたものが夜間沈降したのかはまだ判明していません。そこで、研究では粒径の成長率（Growth Rate：GR）を計算し、これらのデータから NPF 発生時刻を推定しました。その結果、日中（80％）と夜間（20％）の両方で NPF が発生すると示唆されました。つまり、富士山での研究により、NPF が光化学反応だけではなく暗反応でも発生することが判明しました[2,3]。

2.3.3　気塊の輸送

気塊がどこから運ばれてきたのかを調べるにはトレーサーガスを利用するのが有効です。ラドンは、地面から散逸する自然放射性物質であり化学反応しないので、陸由来の気塊のトレーサーとして利用されます。大陸から輸送されると高濃度で、海洋から輸送されると濃度が低くなります。さらに、谷風のときには高く、山風のときには低くなることが予想されます。

エアロゾルを含む気塊の垂直輸送を調べるために、太郎坊から気象ゾンデを放球し気象の垂直分布を測定しました。気圧・気温・湿度等の気象要素を測定するセンサを搭載し、測定した値を送信するための無線送信機を備えた気象測器を搭載した自由気球観測をラジオゾンデ観測と呼び、高層気象観測としては世界各国の約 800 か所で、すべての場所で同時刻（日本では 9 時と 21 時）に観測をしている方法です。また、気象庁のメソ客観解析データをもとに気象データを 1km メッシュに内挿することで、初めて富士山の山谷風を再現することができました。しかし、山頂の気温とゾンデで測定した山頂と同じ高さの自由空間の気温を比べると、日中はほぼ同じ値を示しますが夜間は山頂の気温が下がることがありました。シミュレーションによっても、この時間、山頂付近で下降風が示されました（口絵 10）[4]。この事例は、夜間に NPF イベントが観測されました。日中、中部山岳域で上昇した前駆ガスが、輸送中に粒子化し、夜間下降したものが、山頂で観測されたと考えられます。

2.4　雲凝結核と雲粒

低層の雲は相対湿度が 100％よりほんの 0.3％ほど高い過飽和の状態で発生します。また、核となる粒子がなければ生成されませんが、新しく生成した粒子がすべて雲凝結核（CCN）になるわけではありません。どのような粒子がどのような場合に CCN になるのかを知ることが必要です。

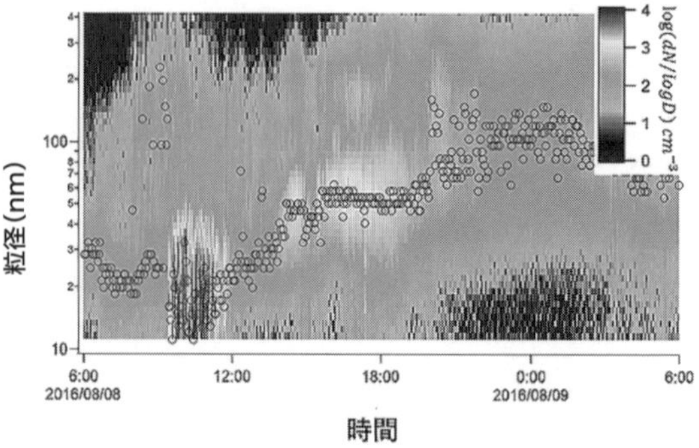

図 2.5.17　モード径（○印）が 80nm まで成長した粒径分布の例[5)]

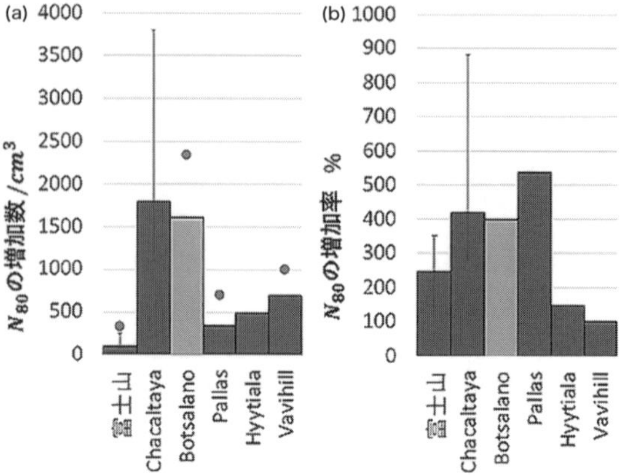

図 2.5.18　いくつかの観測点での NPF による N_{80} の (a) 増加数と (b) 増加率の中央値。エラーバーの下限と上限は第一四分位数と第三四分位数を表す[5)]。

2.4.1　雲凝結核への成長

自然条件の過飽和度においてCCNとなる（活性化する）粒子の臨界直径は50～150nmであると報告されていますが、80nm以上の粒子数濃度（N_{80}）を潜在的なCCN数濃度として用いることがあります。図2.5.17（口絵11）にNPF時の粒径分布の時間変化を示します。NPFの後、モード径が80nmを超えるまで成長しました。2014年以後のデータを解析した結果、NPFの後N_{80}が増加する例は113のNPF中60例、モード径が80nmを超えたのが7例でした。図2.5.18にNPF発生前後のN_{80}の増加数、増加率を示します。富士山頂では、増加数は47～234個/cm^3であり他の観測点より小さいですが、増加率は123～302%と他の観測点と同程度でした[5)]。

2.4.2　雲凝結核

CCNは雲凝結核計（Cloud Condensation Nuclei Counter：CCNC）を用いて、外気を吸引し測定器内で自然の雲と同程度の過飽和状態にしたときに成長する粒子数を計数することにより測定することができます。これを全粒子数と比較すると、気塊がどこから輸送されてきたかによって、CCN数の割合が異なりました。2010年の結果によると、下層から気塊が輸送されてきたときより、自由対流圏中を越境輸送されてきたときの方がCCN数の割合が高いことがわかりました。これは輸送時間が長いので輸送中に粒子が十分成長したためと考えられます[6)]。また、CCNは水蒸気過飽和度が高く、乾燥粒径が大きく、吸湿性が強いほど活性化します。雲粒の生成には粒径分布が最も影響することが示され、化学組成の代表値を用いても雲粒の数濃度を推定できる可能性が示されました[7,8)]。そのため、様々な地域でCCNの吸湿性パラメータ（κ）を測定する必要があります。そこで、都市大気に関しては東京スカイツリー458m（TST）において、山岳大気に関しては富士山頂にある富士山測候所においてCCNCで測定しました。どちらのプラットホームも雲に覆われることが多く、雲生成過程の実験所として最適です。富士山頂におけるCCNの κ の値は、0.3～0.5と、ユングフラウヨッホ（約0.2）など富士山と似た条件下にある他の山岳域や、都市である東京スカイツリー（約0.2）、東京理科大学神楽坂キャンパス（0.2～0.3）の値より大きく、絶対値としては硝酸アンモニウム（0.41）や硫酸アンモニウム（0.51）に相当し、活性化しやすいことが示されました[9]。

2.4.3　実大気中の過飽和度と雲粒有効半径

実際にCCNが雲粒になるのか否かを明らかにするため、CCNCを用いて四つの設定過飽和度（SS=0.08、0.18、0.31、0.40％）でCCNを測定し、各設定過飽和度のCCN数濃度と雲粒数濃度の関係を調べました（図2.5.19）。CCN数濃度と雲粒数濃度の比が1：1のラインに近い部分は設定過飽和度が実大気中の過飽和度に近いことを示します。CCN数濃度よりも雲粒数濃度が高い場合には、設定過飽和度が実大気中の過飽和度よりも低かったことを表していま

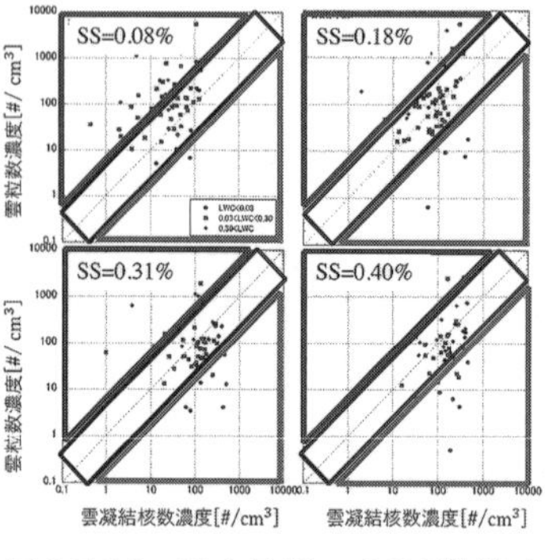

図2.5.19　雲水量別のCCN数濃度と雲粒数濃度の関係[10]

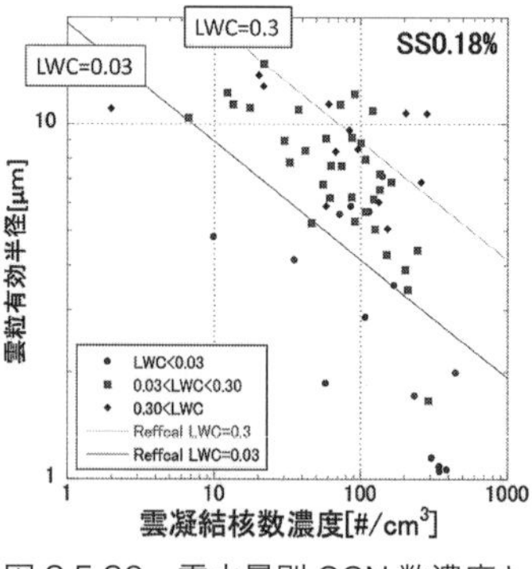

図2.5.20　雲水量別CCN数濃度と雲粒有効半径の関係[10]

す。逆に CCN 数濃度よりも雲粒数濃度が低い場合には、設定過飽和度が実大気の過飽和度よりも高かったと考えられます。図 2.5.19 から富士山頂における大気中の過飽和度は 0.18％程度だと推定されました。

大気中の水蒸気量（雲水量、Liquid Water Content：LWC）が一定の時、CCN 数濃度が高いほど雲粒有効半径[注]（R_{eff}）が小さくなると考えられます。多くの小さい雲粒からなる雲は少しの大きい雲粒からなる雲より散乱強度が強く雲としての寿命も長いので、雲の冷却効果が強くなります（Twomey 効果）。このことが富士山頂でも成立するかどうかを確認するために、過飽和度 0.18％のときの CCN 数濃度と R_{eff} の関係を調べました（図 2.5.20）。雲水量の違いによりデータのマークを変えました。CCN 濃度が高いほど R_{eff} が小さくなることと、雲水量が少なくなるほど R_{eff} が小さくなることが確認できました。図 2.5.20 には理論計算で求めた雲水量 =0.03mg/m^3 のときの関係を濃い線、0.3mg/m^3 のときの関係を薄い線で示しました。この範囲内に相当する雲水量の実測値が含まれており、理論値と実測値がおおよそ一致することがわかりました[10)]。

注　雲粒有効半径：雲を形成する雲粒の大きさは様々です。雲粒有効半径は、雲粒の半径の 3 乗の総和を半径の 2 乗の総和で割った値です。

2.5　おわりに

2021 年 8 月 9 日、気候変動に関する政府間パネル（IPCC）の第 6 次評価報告（IPCC2021）があり、「人間の影響が大気、海洋及び陸域を温暖化させてきたことには疑う余地がない。」と断定されました。また、エアロゾルの冷却効果、特に雲調整効果は 2013 年の第 5 次報告より大きいことが示されました[11)]。

しかし、エアロゾルの数濃度は14年の間に約3分の1に減少しています。温暖化を抑制するエアロゾルが減少しているなら、その分、温室効果気体を規制しなくてはなりません。今後もエアロゾルがどれだけ減少するのか、観測を続ける必要があります。

コラム　16　過飽和度

一般にある気温で水平な水面から蒸発する水蒸気と凝結する水蒸気は平衡となりその時の水蒸気圧を飽和水蒸気圧と呼びます。実際の水蒸気圧を飽和水蒸気圧で割った値を百分率で表した値が相対湿度です。相対湿度が100％より大きい状態が過飽和です。過飽和の時の水蒸気圧から飽和水蒸気圧を引き、飽和水蒸気圧で割った値、すなわち相対湿度から100％を引いた値が過飽和度です。清浄な空気中では過飽和度が数％になっても水滴となりませんが、凝結核（エアロゾル粒子）を含むと0.1～0.3％程度で水滴となり、雲を生成します。

三浦和彦

第6章　放射能の監視

1．富士山の放射能汚染

廣瀬勝己・土器屋由紀子

1.1　はじめに

富士山は、その美しい容姿とともに、森林や湖水などの自然環境に恵まれた山域として日本人に愛されています。しかし、富士山も放射能汚染から無縁ではありません。古くは、1954年のビキニ環礁等で実施された核実験により、日本の各地で降水や大気の放射能汚染が観測されました[1]。当然、日本のほぼ真中に位置する富士山周辺も人工放射能汚染の影響を受けていました。さらに、1960年代になり米国・旧ソ連による大規模な大気圏核実験が行われ、日本全国で大気・降水の放射能汚染が深刻化しました[2]。その後、1963年の部分核実験停止条約の締結後も、大気圏の核実験は中国・フランスで続けられ、核実験の規模に応じた量の放射性降下物が日本の地表に落下しました[3]。幸いにも1980年の中国核実験を最後にして大気圏で核実験は行われていません。しかし、1986年のチェルノブイリ原子力発電所事故や2011年の福島第一原子力発電所事故のように、原発事故でも世界規模で放射能汚染を起こしています[4]。

核爆発等に伴う核分裂で、様々な放射性核種（コラム17参照）が生成します。その多くは短寿命核種なので放射壊変により短期間で消失してしまいます。しかし、放射性セシウム（半減期；30.17年)、放射性ストロンチウム（半減期；28.79年)、あるいは核分裂核種のプルトニウム（半減期；2.41×10^4年）等は半減期が長いので、長期にわたり留まり地球環境に影響を及ぼします。大気に放出された放射性物質は降水等により地表に降下して、植物・土壌等を汚染します。最終的に、放射性核種は植生から土壌に移行して土壌表層の粘土鉱物には放射性セシウムが、有機物にはプルトニウム等が吸着して固定化されます。一部は、河川等を経由して海に移行してしまう放射性物質がありますが、大部分は地表土壌層に留まっています。チェルノブイリ原子力発電所事故によって日本全体が放射性セシウム等で汚染されたことが知られています。しかし、当時は、自然環境の放射能汚染に関心がなかったためか、富士山を含む周辺環境の放射能汚染の状況が調査されたことはなかったようです。現在では、ヨーロッパを中心にして従来の人間を中心に据えた放射線影響の解明の考え方から、環境の生物圏を重視する放射線影響の考え方に変わってきています。その視点からすれば、豊かな自然環境の富士山を含む周辺環境の放射能汚染の実態把握は今後の重要な課題となると考えられます。

1.2　福島第一原発事故の影響

2011 年 3 月に東日本大震災に伴う津波等の影響で、福島第一原子力発電所（以降、福島第一原発）で深刻な事故が起こりました。この事故により、主要な放射性核種として放射性ヨウ素（半減期；8.02 日など）や放射性セシウムおよび短い寿命の放射性セシウム（半減期；2.06 年）が環境中に放出されました。大気中への放出量は当初放射性ヨウ素が 150PBq（ペタベクレル、PBq〔10^{15}Bq〕)、長寿命の放射性セシウムが 12PBq であったと推定されています[4)]。放出された放射性核種のうち多くは短寿命核種であったので、環境への影響も限られていますが、放射性セシウムには長寿命核種もあり、影響も長期に及ぶため環境中の挙動が注目されています。なお、日本本土に降下した長寿命の放射性セシウムは約 3PBq であり、事故により大気中に放出された放射性物質の多くは北太平洋に降下したものと推定されています[5)]。国内に限って見てみると、福島第一原発事故由来の放射性セシウムは主に福島県に降下しましたが、放射性プリューム[注]は関東や東北南部にも飛来して放射能汚染域を形成しました。そこには、富士山がある静岡県や山梨県も含まれます。放射能汚染の程度は、場所、地形、降水の有無により大きく異なりますが、一般的に発生源からの距離が遠くなると汚染の程度は低くなる傾向を示します[6,7)]。ちなみに、富士山は福島第一原発から約300km南西に位置しますが、神奈川や静岡では基準を超える放射能濃度が茶葉等で観測されました。福島第一原発事故の場合、初めて富士山周辺環境の放射能調査が実施されました。2011年3月15日、静岡市では高濃度の放射性セシウム（$2.14 \pm 0.14 Bq/m^3$）を始め、短寿命放射性核種（放射性ヨウ素；$26.56 \pm 0.43 Bq/m^3$ 等）が大気浮遊塵中で観測されました[8)]。なお、二つの放射性セシウムの放射能比が約1であることから（コラム17参照）、観測された放射性セシウムは福島第一原発事故に由来すると結論付けられます。この日は関東の各地点で初めて福島第一原発事故由来の高濃度放射性核種が観測されています[9)]。大気浮遊塵中の福島第一原発事故由来の放射性核種濃度を求めるために、2011年3月29日より静岡県御殿場市の約1,300mにある太郎坊で試料の採取が行われました[10)]。その結果を表2.6.1に示します。また図2.6.1に富士山周辺の大気中の放射性セシウム濃度の時間変化を示します。観測値は離散的で限られているので、比較のために茨城県つくば市（国立環境科学研究所）の連続観測の時間変化[9)]を合わせて示します。太郎坊ベース（標高

注　放射性プリューム：放射性核種を気体状または微小エアロゾルとして含んだ気塊が煙のように流れる状態。周りの大気とすぐには混ざり合わず、しばらく高濃度を保って移動します。

表 2.6.1　2011 年太郎坊ベースで観測された大気中の放射性セシウム濃度（大河内、2011）

開始	終了	^{134}Cs (mBq/m^3)	^{137}Cs (mBq/m^3)	^{134}Cs/^{137}Cs
3/29	4/3	30	30	1.0
4/12	4/19	1.1	1.2	0.92
4/26	5/2	0.046	0.075	0.61
5/10	5/16	0.034	0.034	1.0

試料採取時点の放射能濃度に放射壊変の補正を行っている。

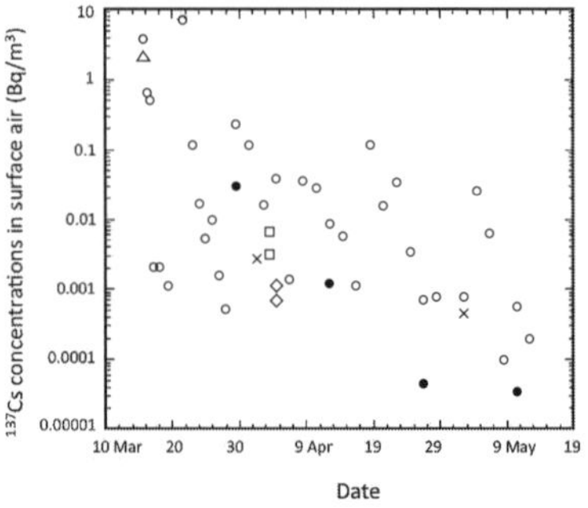

図 2.6.1　福島第一原発事故に由来する大気浮遊塵中の ^{137}Cs 濃度の時間変化

○：つくば国立環境研究所、●：太郎坊ベース、△：静岡市、×：御前崎市、□：茅ヶ崎市、◇：甲府市

約 1,300m）の観測値は、茨城県つくば市の放射能濃度よりも約一桁低い値ですが、二つの放射性セシウムの放射能比が約 1 であることから福島第一原発事故に由来することがわかりました。また、周辺地域（静岡県御前崎市、神奈川県茅ヶ崎市、山梨県甲府市）の観測地点でも大気中から福島第一原発由来の放射性セシウムが検出されています。富士山でも、関東地方と同様にその程度は低いですが福島第一原発事故に由来する放射性プリュームが到達したものと推定されます。その影響は少なくとも 5 月初旬まで及んでおり、福島第一原発事故以前の放射性セシウムのバックグラウンドレベルよりも一桁以上高い値でした。

大気中に含まれている放射性物質の地表への降下手段は、主に降

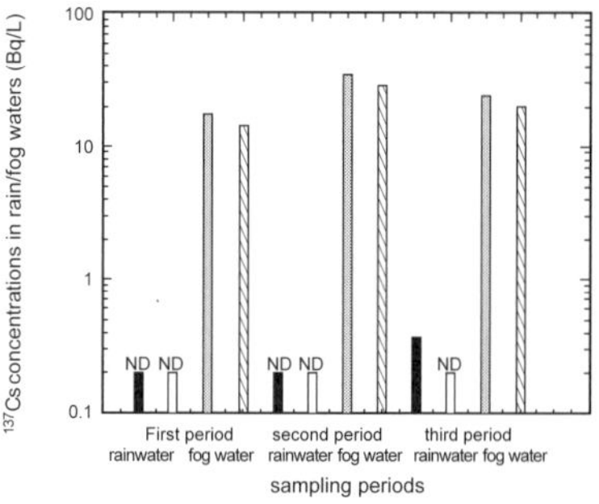

図 2.6.2　降水および霧水の ^{134}Cs および ^{137}Cs 濃度

ND：検出下限値以下、第一期間：3/29～4/12, 第二期間：4/12～4/25, 第三期間：4/25～5/12. ■：降水中の ^{137}Cs 濃度、▒：霧水中の ^{137}Cs 濃度、□：降水中の ^{134}Cs 濃度、▨：霧水中の ^{134}Cs 濃度

水（雨や雪）であることが知られています。福島第一原発事故後の3月には、富士山周辺では、茅ヶ崎市、甲府市、静岡市でそれぞれ3,400、170および540Bq/m^{2}の放射性セシウム降下量が観測されています[11)]。なお、4月には、降下量は減少して、それぞれ290、25および86Bq/m^{2}となりました。太郎坊で降水（雨水、雪）と霧水の採取が行われ、試料中に含まれる放射性セシウム濃度が測定されました[10)]。結果を図2.6.2に示します。降水中の放射性セシウム濃度は最大0.36Bq/Lで他は検出下限値以下でした。一方、霧水については、いずれの期間も、半減期の短い放射性セシウムとともに検出され、放射性セシウム濃度は17～34Bq/Lでした[10)]。放射性セシウム濃度から見れば、霧水と降水の間には最大二桁程度の差があることがわかります。この観測結果は、山岳等で雲がかかる環境では、放射性物質の雲水による降下（cloud/fogwater deposition）が重要な役割を果たしていることを示唆しています[12)]。

大気中の放出された放射性物質の挙動を明らかにするために、放射性物質がどの程度の高度まで輸送されているかを知ることは重要です。特に、日本においては多くの地域が山岳地帯であり、放射性物質の地表への降下は地形に影響されます。可搬型の空間線量測定器やγ線スペクトロメーターを用いた山岳の放射線の測定（空間線量率）が実施されてきました[13)]。富士山については、2011年7月に登山道に沿って麓（約2,000m地点）から山頂付近（約3,720m）までの空間線量率の測定が行われました[10,14)]。空間線量率は0.03から0.05μSv/h（マイクロシーベルト／時）であり、通常のバックグラウンドレベルを示しており、福島第一原発事故による明瞭な影響は見られませんでした。また、高度1,500m以上の空間線量率の測定によると0.01から0.03μSv/hとなり、やや低い値については、富士山の溶岩等の天然の放射性核種の含量が相対的に低いためと推定されています[15)]。γ線スペクトロメーターを用いた測定によると、吉田、須走登山道ともに、高度2,500mまで天然の放射性核種（ウランやトリウムの子孫核種や放射性カリウム等）とともに二種類の放射性セシウムが検出されました。その結果から、少なくとも2,500mまでは福島第一原発事故に由来する放射性プリュームが到達していたものと推定されます。富士山頂では、この方法による福島第一原発事故に由来する放射性物質は検出されていません。

富士山頂付近で、2本の柱状降雪試料が採取されています。柱状降雪試料はそれぞれ4層に分割して放射能測定が実施されました[10)]。いずれの試料も福島第一原発事故由来の放射性物質のシグナルは検出されませんでした。ただし、検出下限値（1～4Bq/kg）が高く、残念ながら、極微量の影響については議論できていません。しかしこの結果は、現場のγ線スペクトロメーターの測定結果と整合性があります。

富士山を含む周辺環境で、福島第一原発事故に由来する放射性セシウムの地表への沈着の状況を調査するため、土壌（火山噴出物）の採取が行われました[15)]。富士山は国立公園であり、さらに山頂は私有地なので通常は土壌試料の採取は困難ですが、福島第一原発事故を受けて特別に調査が実施されました。高度2,500m以上の地点では、短半減期放射性セシウムについては100Bq/m^{2}以下で、高度2,000m以下になると200Bq/m^{2}を超え、その後高度が低くなるとともに増加して高度1,500mでは1,200Bq/m^{2}を超える水準になりました。二つの放射性セシウムの放射能比は高度2,700m以上では、誤差の大きな一地点を除いて1よりかなり低い値になります。2,500m地点では場所によって、1に近い値と低い値を示す場合があります。2,000m付近に1に近い値がありますが、全体には概して1より低い値でした。過去の核実験によるグローバルフォールアウトの影響もあるため、放射性セシウムの表層土壌の蓄積量の二つの放射性セシウム放射能比は1より小さくなると考えられますが、その程度を論じるためには富士山周辺のグローバルフォールアウトの蓄積量の評価が不可欠です。また、富士山の表層を覆っている火山噴出物が放射性セシウムの吸着にどの程度寄与するか調査することも必要です。関連して静岡市内およびその周辺の表層土壌中（厚み約1cm）の放射性セシウムを測定して沈着量を測定しています[16)]。その結果として、地表の二つの放射性セシウムの沈着量はそれぞれ37〜2,435Bq/m^{2}および57〜2,242Bq/m^{2}であったと報告されています。静岡市街地（低地）と近隣地域（山地）を比較すると、市街地の放射性セシウムの平均沈着量は479Bq/m^2（n=12, 162〜805Bq/m^2）であり、一方山地では1,273Bq/m^2（藁科地区, n=12; 871〜2,242Bq/m^2）および995Bq/m^2（有度山，n=11; 230〜1,699Bq/m^2）となり、山間部で比較的高い値が観測されました。福島県南部や栃木県西部[13)]の山間部でも比較的高い値が観測されています。また、福島第一原発の北西域では谷筋で高い沈着量が測定されており、沈着量は地形に影響されていますが、その現れ方は複雑です[6,17)]。地表への放射性セシウムの沈着は主に降水によってもたらされますが、山間部では霧水（雲水）による沈着が重要である可能性が考えられます[12)]。

1.3　おわりに

富士山は山頂が自由対流圏に達している点で、グローバルの大気の状態を把握するための優れたプラットフォームであるとともに、自然環境の保全状態とその変質を把握するための有力な地点でもあります。また、山岳独自の気象現象等も存在して、興味深い科学研究の場でもあります。ただし、富士山環境を、放射性物質による汚染の視点から研究した例は必ずしも多くありません。少ない例の一つが、福島第一原発事故に伴う放射能汚染でした。重要な知見として、富士山付近では、福島第一原発由来の放射能プリュームは自由対流圏まで輸送されていない可能性が高いことが示唆されています。

富士山については、福島第一原発事故からの直接の影響のあった時期は、3月下旬から5月にかけてであり、積雪に覆われていました。したがって、福島第一原発由来の放射性物質は降雨ではなく降雪によって沈着したものと考えられます。降雪による放射性物質の沈着については、降雨に比べて知見が少ないです。例えば、外気温の影響を受けて、積雪が多い場合と少ない場合がある他、降雪の集まりやすいところがあることは知られています。表面がアイスバーンの場合、沈着が少ない可能性もあります。その他、融雪により実際の沈着場所より下方に放射性物質が輸送される可能性もあります。さらに霧氷による放射性物質の沈着の可能性を考える必要があるかもしれません。現在の知識では、高度2,500m以下で、明瞭な福島第一原発事故に由来する放射性セシウムの沈着があり、その量は高度に依存していて富士山周辺の低地より高い可能性があります。

富士山環境の人類起源の汚染物（放射能汚染を含む）の実態把握とその富士山環境中での移行等の動態の解明は、まだ研究の端緒についた段階です。富士山環境は日本の自然保全と持続可能な国土を維持するための代表ともなる場所であり、これらの研究の今後の発展が望まれています。

コラム　17　放射性核種

すべての原子は原子核の周りを電子が回っています。原子核は陽子と中性子とで構成されており、陽子の数で元素の種類が決まります。例えば、陽子が 1 個ならば原子番号が 1 の水素という元素ですし、陽子が 92 個ならば原子番号が 92 のウランという元素です。ほとんどの元素には、中性子の数が異なる同位体が存在します。例えば、水素では、中性子がゼロ個である普通の水素、1 個である重水素、2 個である三重水素（トリチウム）の 3 種類が存在します。それぞれの原子の原子量は、1（=1+0）、2（=1+1）、3（=1+2）であり、元素記号の左上に小さく原子量の数値を書くことで ^{1}H、^{2}H、あるいは ^{3}H と表します。そして、この陽子と中性子の組み合わせできまる原子核の種類を核種と呼びます。核種には、放射線を出して別の核種に変化するものと、そのような変化が起こらずに安定に存在するものとがあります。この放射線を放出して原子核が変わる核種が放射性核種です。ちなみに、放射線を出さずに安定に存在し続ける核種は安定核種と呼ばれます。私たちの身の周りにも放射性核種はとてもたくさん存在します。ホウレンソウなどに豊富に含まれるカリウムにも ^{39}K、^{40}K、^{41}K の 3 種類の核種があり、^{40}K の原子核は放射性核種です。つまり、^{40}K は放射線を出しています。^{40}K は「カリウムヨンジュウ」と読みます。

放射性核種がどのくらいの速度で別の核種に変化するかを表す指標として「半減期」があります。半減期とは、ある放射性核種の半分が別の核種に変化するまでにかかる時間であり、言い換えるとどの程度の速さで減少するかの目安です。例えば ^{131}I（ヨウソヒャクサンジュウイチ）の半減期は 8.02 日ですから、8.02 日後には ^{131}I は元の量の半分に減少します。その結果、^{131}I から出てくる放射線の量も 8.02 日後には半分になります。

第 2 部第 6 章で登場する放射性核種は、^{90}Sr（ストロンチウムキュウジュウ、半減期 28.79 年）、^{131}I、^{134}Cs（セシウムヒャクサンジュウヨン、半減期 2.06 年)、^{137}Cs（セシウムヒャクサンジュウナナ、半減期 30.17 年)、^{239}Pu（プルトニウムニヒャクサンジュウキュウ、半減期 2.41×10^{4} 年）ですが、特に二つの放射性セシウム、^{134}Cs と ^{137}Cs について論じています。

放射性核種にはウランなどの重い元素の核分裂によって直接生成する核種と、そうでない核種とがあります。^{137}Cs は ^{90}Sr や ^{131}I 核分裂により直接生成する核種であり、核実験でも原発事故でも大気中に放出されます。一方、^{134}Cs は、核分裂で生成した ^{133}Xe（キセノンヒャクサンジュウサン）がベータ壊変していったん ^{133}Cs になった後に中性子捕獲という反応が起こることで生じる核種です。主には、原子炉内で長い時間をかけて生成するため、長時間運転した原子炉の中にたまる核種です。つまり、^{134}Cs は原子炉事故のときだけ大気に放出されます。1986 年のチェルノブイリ事故が、核実験ではなく原子炉事故であることを“鉄のカーテン”の外の西側でいち早くわかったのは、この核種を検出したためと言われています。

福島第一原子力発電所の事故後に大気中で観測された放射性物質からも ^{134}Cs が観測されたことで、原発事故で放射性物質が大気に放出されたことが確認されました。2011 年事故発生時では、^{134}Cs と ^{137}Cs の放射能濃度比が 1：1 でした。ちなみに、^{137}Cs は半減期が長いため、2011 年の原発事故の他に 1950 年代以降に頻繁に行われた核実験で放出された分も残っています。原発事故から 10 年以上たった現在、^{134}Cs は始めの 3.5％以下に減少し、富士山周辺で採取する環境試料からほとんど検出されません。

放射性物質の量の尺度として、放射能が用いられています。放射能とは放射性核種の単位時間あたりの壊変数と定義されています。単位としてベクレル（Bq）を用いています。この単位は、放射性物質から 1 秒間に放射線が 1 個放出される場合、1Bq となります。

しかし、同じ Bq でも、人体に与える影響を考えると、核種によって同じにはなりません。放射線の種類（α 線、β 線、γ 線）によって影響は大きく異なり、また、人体のどの部位が受けるかによって異なるので、それらを勘案した換算係数を用いて考え出された値がシーベルト（Sv）という値です。実際は線量計を用いて測定されます。この値は人体がある場所で、まとめてどのくらいの線量にさらされているかを示します。100mSv を超えると、がんなどの確率的影響が増加することが知られています。

廣瀬勝己・佐々木一哉

第７章　富士山の噴火と噴火予知

長尾年恭

1．火山噴火とはどんな自然災害なのか

日本列島は数多くの自然災害に見舞われます。台風や集中豪雨のように規模はまちまちであったり、毎年のように日本を襲うものから、大地震や火山噴火のように、10 年あるいは 100 年に一度、さらに数千年から１万年に一度程度の低頻度の巨大火山の噴火もあります。さらに極めて低頻度ですが、恐竜を絶滅させたと言われる小惑星（巨大隕石）の衝突というような数千万年に一度という自然災害も存在します。

小惑星の衝突を除けば、真の巨大自然災害というのは地震や台風などではなく、火山噴火なのです。日本列島では７千年から１万年程度の周期で、近傍のすべての動植物が全滅する“破局噴火”と呼ばれる大規模噴火（Ultra Plinian Eruption）を経験しています。日本において最後の破局噴火は、約 7,300 年前の九州南西沖の鬼界カルデラの噴火です。このとき南九州の動植物は全滅し、当時の縄文式土器の様式が南方系から北方系に 100% 入れ替わっているのです。

これまで日本列島において破局噴火を引き起こした火山は鬼界カルデラ以外に、阿蘇カルデラ（4 回確認）、姶良カルデラ（鹿児島）、また中部地方・関東地方では穂高岳や箱根火山、東北地方では十和田カルデラなどが確認されています。

特に北米のイエローストーン国立公園の火山は世界最大の火山と言われており、220 万年前、130 万年前、64 万年前の３回の破局噴火が確認されています。イエローストーンでは、そろそろ（と言っても数万年先のことかもしれませんが）次の破局噴火が発生するの

では？　とも言われています。万が一この噴火が発生すると、北米の危機というより人類存亡の危機と考えられているのです。シミュレーションでは、イエローストーンが破局噴火を引き起こすと、米国の75% の土地の環境が変わり、火山から半径1,000km 以内に住む90％の人類が窒息死し、さらに地球全体の平均気温が10℃低下するとの結果も得られています。幸い富士山が破局噴火を引き起こす可能性は現時点ではゼロと考えられていますが、ときに火山はこのような壊滅的な災害を引き起こす可能性が存在するということは知っておいていただければと思います。

2. 富士山は生きている

富士山の噴火の歴史については第1部第1章でも触れられています。ここでは「活火山」「休火山」「死火山」という言葉について、説明を行いたいと思います。以前は火山をこのように三つに分類していたのです。現在盛んに噴火を繰り返している火山を活火山（例えば桜島）、噴火記録はあるがしばらく活動を休んでいる火山を休火山（例えば富士山）、歴史時代に噴火記録がない火山を死火山と分類していました。ところが死火山と考えられていた火山が噴火するなど、この分類では実態にそぐわない事例が複数出てきたのです。現在では、もちろん富士山は活火山と認識されています。

この議論に最も大きな影響を与えたのが1979年の御嶽山の噴火でした。当時、御嶽山は死火山と考えられていたのですが、突然噴火したのです。人間の時間スケールで、火山の一生のような時間スケールの長い現象を評価していたことが間違いであるとわかりました。

ここ20年ほどの間に富士山は2度の危機的状況を迎えていました。富士山の最後の噴火は1707年の宝永噴火で、それからすでに

300 年以上沈黙しています。実は一般の方にはほとんど知られていなのですが、2000 年に低周波地震というマグマの動きを示す特殊な地震（火山性地震）が急増したことがあったのです。それまで月に 10 回程度だったものが、100 回ほどに増加したのです。このような活発な活動が半年ほど続き、研究者はいつ噴火してもおかしくないと考えていたのです。これが第一の危機でした。

2011 年 3 月に東北地方太平洋沖地震（いわゆる東日本大震災）が発生し、津波により大きな被害が出ました。この地震の 4 日後の 3 月 15 日深夜、富士宮市で震度 6 強を記録した静岡県東部地震（M=6.4）が発生したのです。震源は富士山南麓でまさに富士山の真下で発生した地震で、推定されているマグマだまりのすぐ上であったため、火山学者は今度こそ富士山が噴火するのではと考えたのです。これが第二の危機でした。図 2.7.1 は 2000 年以降の火山性

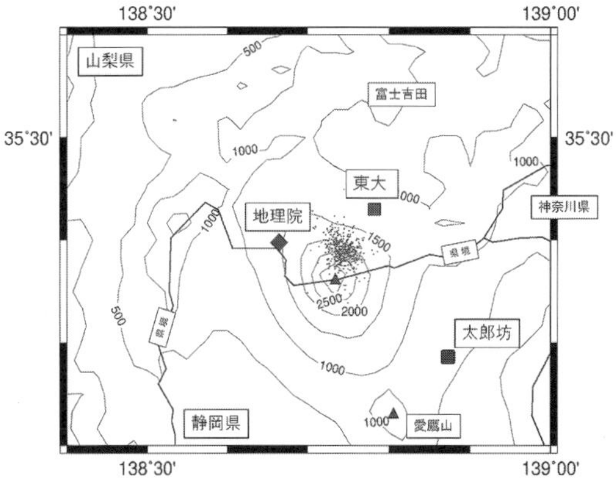

図 2.7.1　富士山で発生している火山性地震。主に山頂の北側（山梨県側）で発生している。図中の東大、地理院、太郎坊は、後述の地磁気観測点を示す。

地震の分布、図 2.7.2 は年別の地震数のグラフです。地震は主に山梨県側で発生していることがわかります。

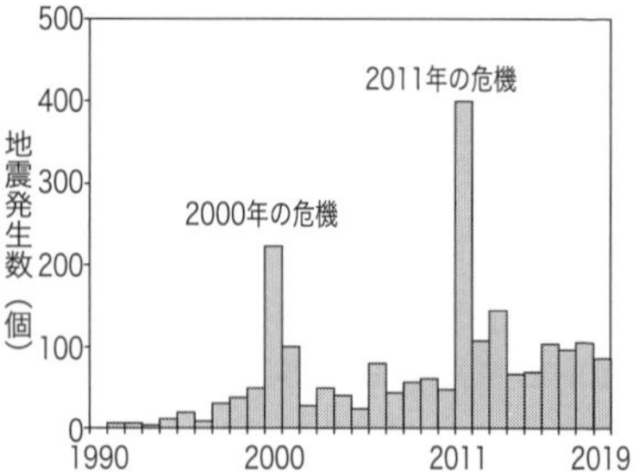

図 2.7.2　1990 年から 2019 年までの富士山の火山性地震の発生個数。2000 年と 2011 年に急増した。

内閣府の試算では、富士山噴火の被害想定は 2 兆 5 千億円ほどとされています。これは農作物などの直接被害がほとんどで、火山灰により羽田や成田などの空港が閉鎖されるとか、新幹線や東名高速が長期間使えないというような被害は算出不能として想定に入っていないのです。

火山灰が航空機の運航に影響を与えた例としては、2010 年 4 月のアイスランドの火山噴火が有名です。4 月 14 日、アイスランドの南西部で大きな噴火が発生しました。この噴火で火山灰は上空 16,000m に達したのです。火山灰は南下し、欧州北部と中部のほぼ全域に達しました。そのため、飛行中のエンジンが停止する事態を避けるため、ヨーロッパにおける多数の国で領空が封鎖され、航空機の飛行が不可能となったのです。

この結果、乗客が世界中の空港ターミナルビルで寝泊まりを余儀なくされ、南ヨーロッパに陸路で向かう旅行者や代替交通手段を使おうとする旅行者などで、各地の鉄道やフェリーも大混乱に陥りました。この噴火による航空業界への影響は、9.11 アメリカ同時多発テロ事件時を上回り、第二次世界大戦後で最大規模の航空便の停止事件となったのです。さらに火山灰にはガラス質の粒子を含んでいることが多く、ジェットエンジンの中に入った場合、飛行中にエンジンタービンの高温でガラス質の粒子が溶けてエンジンを損傷する可能性が存在します。

富士山の1707年の宝永噴火では火山灰の放出がおよそ2週間続き、江戸にも降り積もりました[1,2)]。もし現在、宝永噴火と同規模の噴火が富士山で発生すると、基本的に風下となる羽田空港も成田空港も閉鎖となります。さらに新幹線は架線のショートや火山灰そのものの影響で運行不能となり、東名高速も新東名高速も火山灰のために通行止めとなるのは確実です。このような状況における被害想定は極めて予想しづらいため、現在は火山灰の直接被害（例えば農作物への影響など）のみが算出されているのです。

また、火山灰は“灰”となっていますが、実際には細粒のガラスなので水を含むと電気を通しやすくなります。そのため高圧線の絶縁が破壊される可能性が高く、送電網は大きな被害を受けます。さらに火山灰は硬く、角ばった形状をしているものも多く、大きさも$PM_{2.5}$クラスの細かい粒子も含まれているので、呼吸などで人体に入った場合気管支や肺にも影響を与えるのです。また生活や仕事に不可欠になったパソコンですが、キーボードやUSBコネクタ等から火山灰が入ると多大な影響が出ると予想されています。つまり、IT化された現代社会は極めて火山灰に弱いのです。富士山噴火はIT化された現代社会が初めて経験するような未曾有の災害となる可能性が指摘されています。

宝永噴火では、大量の火山灰が噴き出たことが特徴で、麓の村では3m、江戸でも数cmの灰が積もりその量は合わせて17億m^3に達したと言われています。これは2011年に発生した東日本大震災による災害廃棄物、4,600万m^3の37倍に相当するそうです。(NHK 災害列島、命を守る情報サイト、https://www3.nhk.or.jp/news/special/saigai/natural-disaster/natural-disaster_07.html)。

3. 火山噴火予知とは

地震予知と火山噴火予知は、よく比較されます。しかしこの両者の現状には大きな違いが存在します。皆さんは「東海地震」という名前を聞いたことがあるのではないかと思います。これは駿河湾を震源とするマグニチュード8クラスの地震で、気象庁が予知のために特別な観測体制・監視体制をとっている地震です。おそらく地震が発生する前に名前のついている世界で唯一の地震です。つまり地震予知の「3要素」と言われる「いつ」、「どこで」、「どれくらい」のうちの、「どこで」、「どれくらい」はわかっており「いつ」が問題となっていたのです。

しかし東日本大震災の発生を受け、それまで東北沖ではマグニチュード9クラスは発生しないと考えていた地震学界は自信喪失となりました。東海地震について、その予知体制を見直すこととなり、地震予知は一般的に現時点では困難と言われるようになったのです。

本パートの著者は、東海地震の予知について科学的な結論を求められた内閣府委員会のメンバーでした。委員会では最終的に「確度の高い予知は困難」という結論をまとめました。ここで「確度が高い」とは、「学者（政府）が警報を出して、住民が避難する気になるような高い精度の情報」という意味でした。しかしメディア的には「地震予知は不可能」と報道されたのです。

従来は東海地震については予知の可能性があるとして、警戒宣言を出す仕組みとなっていました。警戒宣言が出されると、鉄道は運行停止、高速道路も通行禁止、銀行・郵便局も一部のATMを除き営業を停止、病院は外来診療を中止、学校は授業を打ち切り閉鎖などの対応がとられることになっていました。

現在は、この警戒宣言発令という枠組みではなく、2017年11月1日からは「南海トラフ地震に関連する情報」を発表する仕組みに変更となり、よりあいまいな情報を活用するという方向で対応することになっています。南海トラフの巨大地震についても、地震予知は常に「いつ」が最大の問題なのです。

それに対して火山噴火予知については、少なくとも火山の場所についてはわかっているわけです。火山噴火は、きちんとした観測体制が構築されていれば、かなりの確度で噴火の予兆を観測できると考えられています。火山噴火予知では、課題は「いつ」ではなく、「どれくらい」の噴火が予想されるのかということと、最大の問題は「噴火が収束したか」の判断なのです。

2000 年 6 月、伊豆諸島の三宅島で小規模噴火が始まりました。7 月には山頂が陥没し、新しい噴火口が生じたのです。噴火は 8 月も続き、9 月に入り有毒な大量の火山ガス放出が確認され、全島避難が行われました。このような推移は実はまったくの想定外でした。結局、火山ガスの放出量が低下し、住民の帰島が許されたのは、噴火開始から 4 年半が経過していました。このように火山噴火では、その推移を予測し噴火の収束を判断することが最も難しく重要と考えられるのです。

4. 噴火予知の方法

火山噴火を予知するには、主に 3 種類の手法による監視が考えられます。

4.1　力学的手法

これは火山性地震を観測する微小地震観測と、山体の膨張を観測する地殻変動観測です。

火山で発生する地震の中にはマグマやその動きに関連する地震というものがあります。これは火山性地震と呼ばれています。火山性地震が深部だけで発生しているときはいいのですが、マグマが上昇しだすと、だんだん浅いところで発生するようになります。火山性地震の深さを精密に監視することでマグマの位置を推定することが可能となります。

さらに火山性微動と呼ばれる連続的な振動が観察されることがあります。火山性微動はマグマや水蒸気の流れに伴い発生すると考えられており、火山噴火予知の立場からは特に重要な現象と位置づけられています。

地殻変動は、古典的には水準測量や三角測量という手法で1990年代後半まで行われていました。また温度変化や地上の各種ノイズを避けるため、地下のトンネルに傾斜計や歪計と呼ばれる精密な装置を設置し、観測を行っていました。しかし現在は人工衛星を用いた宇宙からの測地技術が飛躍的に進歩し、ほぼ100%が宇宙からのデータを用い、地殻変動を監視するようになりました。皆さんもカーナビやスマホの位置情報取得にGPS衛星等からのデータを日常的に使用されていると思います。これが現代の測地学なのです。GPS衛星等のデータを使うことにより、リアルタイムで山体膨張などを捉えることが可能となりました。

4.2　電磁気学的手法

一般に火山を構成する岩石には磁性鉱物（酸化鉄や硫化鉄）が多く含まれています。それらは溶岩として地表に噴出し、固化するときにそのときの地球磁場の影響を受けて、言わば小さな磁石となって、固定されます。火山活動が盛んになり、マグマが地下深部から上昇を始めると、マグマは温度が1,000℃以上に達するため、周囲の岩石（火山岩）も加熱されます。火山岩は固化するときに小さな磁石となっているわけですが、ある温度を超えると火山岩は磁石の性質を失うのです（熱消磁、この現象の発見者であるフランスの物理学者、ピエール・キュリーにちなんで磁化が消える温度をキュリー温度と言います。ちなみに磁鉄鉱では約 580℃）。つまりマグマが上昇すると岩石の磁化が変化することは確立された物理現象なのです。そのため、日本の噴火予知計画でも、地磁気観測は有力な方法の一つと位置づけられ、実施されているのです。

ここでは 2000 年の三宅島の噴火の前に観測された地磁気変化を紹介します[3]。図 2.7.3 の■は当時観測を行っていた雄山山頂付近の地磁気観測点です。

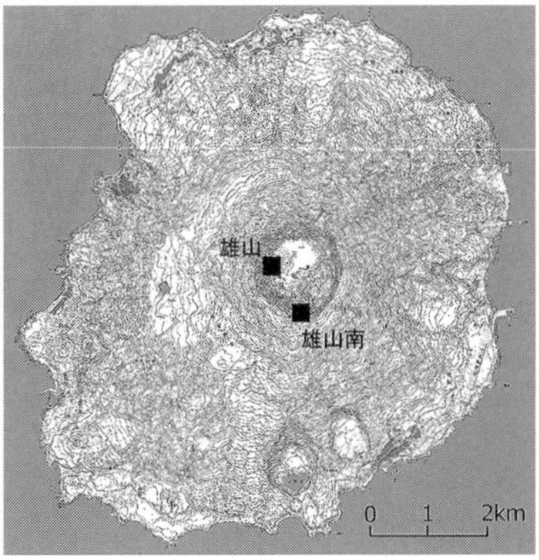

図 2.7.3　2000 年当時の山頂付近の地磁気連続観測点。雄山観測点は新しい火口の出現により噴火と同時に失われてしまった。(国土地理院の 1/25,000 地形図に加筆)

図 2.7.4 は、雄山と雄山南観測点の 6 月 26 日から 7 月 8 日までの地磁気変化を示します。マグマの上昇による全磁力の低下が噴火の 12 時間ほど前から明瞭に観察されています。マグマの上昇により、周囲の岩石が加熱されて、熱消滋が発生し、地磁気の値が低下したのです。

認定 NPO 法人富士山測候所を活用する会では、国土地理院および東京大学地震研究所に続き、2020 年度に富士山中腹約 1,300m の太郎坊ベースに静岡県山麓最初の地磁気観測点を設置し、すでに良好なデータを得ることに成功しています[4]。今後、山頂等にも地磁気観測点の設置を行い、継続的な監視を行っていきたいと考えてい

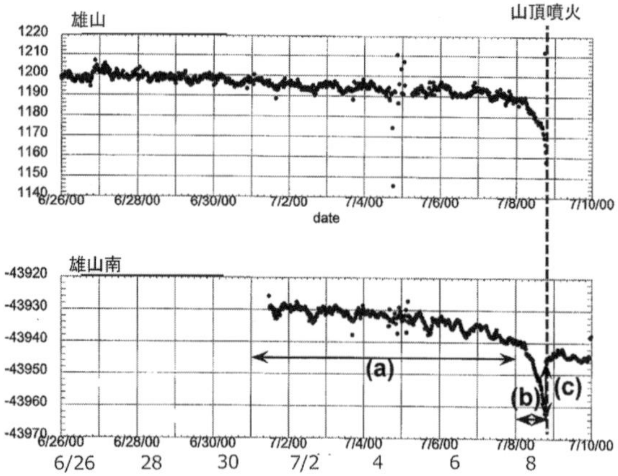

図 2.7.4　三宅島の 2000 年 7 月 8 日までの全磁力変化（笹井ほか（2001）を改変）

ます。

4.3　地球化学的手法

最後に地球化学的な観測について簡単に紹介したいと思います。火山では、平常時から噴気活動が認められることがあります。例えば箱根の大涌谷などの噴気は有名です。火山ガスの代表的なものとして、二酸化炭素や亜硫酸ガス（CO_2、SO_2）などがあります。すでに本書でも述べたように富士山では山頂や太郎坊で H_2S、SO_2 を含む各種ガスのモニタリングが行われています。それらのデータは地球環境の監視というだけでなく、富士山そのものの火山活動の監視にも活用できるのです。

火山ガスによる災害は、ガスによる直接的な被害だけではありません。大噴火では、数十 km 上空まで上昇した火山ガスがエアロゾルとなり、長期間成層圏に滞留することが確認されています。そのため火山噴火が世界規模の気温低下の原因となるのです。さらに噴火で対流圏に放出された火山ガスは雨水に溶けて、酸性雨（酸性霧）の原因にもなります。このため、食物や家畜の餌に被害を及ぼし飢饉をもたらすこともあるのです。

5. 富士山の噴火予知研究の問題点

富士山は将来100％噴火しますが、どこから噴火するかは現時点ではわかりません。ただ、最後の山頂からの噴火は、2,200年前のものと考えられており、それ以降はすべて山腹から噴火しています。観測事実として、現在の火山性地震の分布から、山梨県側の山腹から噴火する可能性が高いのではないかという考えが存在します。

その一方で、富士山の噴火予知研究には、いくつかの問題点が存在します。富士山は山体が極めて大きく、五合目より上には、冬期間を通じて100V電源を確保できる場所が存在しません。また、山頂付近では極めて風が強いことが確認されています。山頂付近では、美観の問題や夏季には観光客も多いため、地震計や地磁気観測装置の設置のために大規模な土木工事を行うことが難しく、いかに長期間、安定した観測環境を維持できるかが鍵となります。さらに冬季の電源確保には太陽電池パネルへの着雪の問題も解決しなければなりません。バッテリーだけで観測を行うならば、大量のバッテリーを運ぶ必要が生じます。これは実際にはロジスティクス上の問題も生じてきます。

しかし、山頂は、富士山の噴火監視を象徴する観測点であることも明らかですので、今後、関係官庁や浅間大社とも緊密に連携し、なんとか恒久的な観測体制の構築を行っていきたいと考えています。

文献一覧

第１部

第２章.１

1）山本正嘉『登山の運動生理学とトレーニング学』（東京新聞出版局、2016）
2）日本登山医学会ホームページ：レイクルイーズ AMS スコア
3）笹子悠歩、照内明良、井出里香、油井直子、安藤真由子、山本正嘉　常圧低酸素室と富士山を利用した海外での高所登山のためのアクティブ・ラーニングの試み　登山医学、40: 92-99（2020）

第２章.２

1）堤之智『気象学と気象予報の発達史』（丸善出版、2018）
2）野中至「富士案内（1899）」『野中至、野中千代子著　富士案内・芙蓉日記』（大森久雄編、平凡社ライブラリー、2006）
3）Stähelin, J., P. Viatte, R. Stübi, F. Tummon, and T. Peter（2018), Stratospheric ozone measurements at Arosa（Switzerland）: History and scientific relevance, Atmos. Chem. Phys., 18, 6567-6584.（https://doi.org/10.5194/acp-18-6567-2018.）
4）Stähelin, J., and Viatte, P.（2019), The Light Climatic Observatory Arosa: The story of the world's longest atmospheric ozone measurements, Scientific Report MeteoSwiss 104 and Institute of Atmospheric and Climate Science（ETH Zürich), 243 pp. doi:10.18751/PMCH/SR/104.Ozon/1.0. Editors: L. Vuilleumier and C. Cherbuin, Federal Office of Meteorology and Climatology, MeteoSwiss,
5）Bärtch, P., 2006: Proceedings of the third International Workshop on Mt. Fuji Project.
6）Fuzzi, S. and D. Wagenbach ed., 1997: Cloud Multi-phase Processes and High Alpine Air and Snow Chemistry, Springer, 272pp.
7）土器屋由紀子、山岳を用いた大気汚染観測、天気（創立 125 周年記念解説）、11-14（2007）
8）野中至（到）・千代子資料館ホームページ：https://nonaka-archives.jimdofree.com/
9）WMO-GAW ホームページ：一般財団法人新技術振興渡辺記念会、成果報告書（平成 20-23 年）「富士山頂における東アジア越境オキシダント監視システム構築に関する研究」（2012）
10）山本三郎『登山者のための気象学』（山と渓谷社、1965）
11）土器屋由紀子、佐々木一哉編著「よみがえる富士山測候所 2005-2011」（成山堂書店、2012）

第３章

1）江戸川大学土器屋由紀子ゼミ編『変わる富士山測候所』（春風社、2004）
2）山崎孝治、天気の科学（5）ジェット気流、北農 81（3）、47-48（2014）

第２部

第１章 2.1

1）Martin, John H., and Steve E. Fitzwater. "Iron Deficiency Limits Phytoplankton Growth in the North-East Pacific Subarctic." Nature 331, no. 6154（January 1988）:

341-43. https://doi.org/10.1038/331341a0.
2）Uno, Itsushi, Kenta Eguchi, Keiya Yumimoto, Toshihiko Takemura, Atsushi Shimizu, Mitsuo Uematsu, Zhaoyan Liu, Zifa Wang, Yukari Hara, and Nobuo Sugimoto. “Asian Dust Transported One Full Circuit around the Globe.” Nature Geoscience 2, no. 8 (August 2009) : 557-60. https://doi.org/ 10.1038/ngeo583.
3）小林拓、三浦和彦、兼保直樹、五十嵐康人：夏季富士山頂で測定された不溶性粒子の粒径分布、エアロゾル研究 25、(2)、167-76 (2010). https://doi.org/10.11203/jar.25.167.

第１章 2.2

1）畠山史郎『越境する大気汚染－中国の $PM_{2.5}$ ショック』(PHP 新書、2014)
2）米持真一、陈炫、繆萍萍、吕森林、王効挙、梅沢夏実：2013 年 1 月に中国北京市で採取した高濃度 $PM_{2.5}$、PM_1 の特徴、大気環境学会誌、48 (3),140-144 (2013)
3）米持真一、大河内博、廣川諒祐、小西智也、Ki-Ho Lee、Yung-Joo Kim、Senlin Lu「富士山頂と埼玉県加須を主とした $PM_{2.5}$ 同時観測から評価した 2015 年夏季の関東地域の $PM_{2.5}$ 濃度上昇要因」大気環境学会誌、53 (4)、144-152 (2018)
4）Y.Taniguchi, K.Shimada, A.Takami, N.-H. Lin, C.K.Chan, Y.P.Kim, S.Hatakeyama: Transboundary and local air pollutants in western Japan distinguished on the basis of ratios of metallic elements in size-segregated aerosols, Aerosol and Air Quality Research, 17, 3141-3150 (2017)

第１章 3.2

1）秋元肇、河村公隆、中澤高清、鷲田伸明編『対流圏大気の化学と地球環境』(学会出版センター、2002)
2）和田龍一、定永靖宗、加藤俊吾、勝見尚也、大河内博、岩本洋子、三浦和彦、小林拓、鴨川仁、松本淳、米村正一郎、松見豊、梶野瑞王、畠山史郎　NO_X 酸化物質（NO_Z）計測手法の開発と山岳地域における実大気への応用　分析化学、67, 333-340 (2018)
3）Y. Sadanaga, T. Kobayashi, A. Yuba, S. Kato, Y. Kajii, A. Takami, H. Bandow, 2015. Evaluation of photochemical pollution during transport of air pollutants in spring over East China Sea. Asian J. Atmos. Environ., 9, 237.
4）Wada, R., Sadanaga, Y., Kato, S., Katsumi, N., Okochi, H., Iwamoto, Y., Miura, K., Kobayashi, H., Kamogawa, M., Matsumoto, J. and Yonemura, Kajino Hatakeyama, S. Ground-based observation of lightning-induced nitrogen oxides at a mountaintop in free troposphere. Journal of Atmospheric Chemistry, 76 (2), 133-150. (2019).

第２章

1）Wainwright, M. et al., How do microorganisms reach the stratosphere?, International Tournal of Astrobiology 5, 13-15 (2006)
2）田中豊顕、氷晶核としての黄砂、天気 34 (3)、189-194 (1987)

第３章

1）山本正嘉『登山の運動生理学とトレーニング学』(東京新聞出版局、2016)
2）山本正義『登山の運動生理学百科』(第 3 章)(東京新聞出版局、2000)
3）笹子悠歩、山本正嘉：富士登山時の生理的・物理的な負担度；登山経験の豊富な中高年者を対象として、登山医学、30、105-113（2010)
4）山本正嘉、岸本麻美、鳥賀陽信央、鮮干　攝、浅野勝己、前川剛輝、平野裕一：富士山を利用した短期間の高所トレーニングに関する研究；登山中の生理応答と

登山後における身体能力の変化、登山医学、28、145-152（2008）
5）山本正嘉：常圧低酸素トレーニングがもたらす高所登山の新たな可能性；スピード化と快適・安全化を追求した三つの実験登山、岳人、701、142-148（2005）
6）井出里香、五島史行、吉田泰行：富士山頂における歩行バランスの評価：登山医学 32：122-126（2012）
第5章2.
1）三浦和彦「富士山頂における大気電気、大気化学の観測」大気電気学会誌、2(2)、6-10（2008）
2）五十嵐博己「山間部と都市部における新粒子生成イベントおよび粒子成長に関する研究」東京理科大学修士論文、pp62、2020
3）五十嵐博己、森樹大、三浦和彦、岩本洋子、大河内博、和田龍一、加藤俊吾「夏季の富士山頂における粒子数濃度の経年変化」エアロゾル研究、37、36-44、(2022)
4）府川明彦ほか「富士山周辺におけるラドン・トロン娘核種の変動要因に関する研究」第7回成果報告会、pp38、(2014)
5）木村　駿「富士山頂で観測したエアロゾル粒子の雲凝結核への成長に関する研究」第14回成果報告会、pp37、(2021)
6）長谷川朋子「東京都心部の生成されたばかりの粒子と富士山山頂のエイジングを受けた粒子の雲凝結核特性」第2回成果報告会、pp47、(2012)
7）渡辺彩水「富士山頂で測定した雲凝結核特性と霧粒特性」東京理科大学修士論文、pp40、(2013)
8）Iwamoto, Y., Watanabe, A., Kataoka, R., Uematsu, M., Miura, K.: Aerosol-Cloud Interaction at the Summit of Mt. Fuji, Japan: Factors Influencing Cloud Droplet Number Concentrations. Appl. Sci., 11, 8439. https://doi.org/10.3390/app11188439, (2021)
9）佐藤光之介「夏期の富士山頂におけるエアロゾルの雲凝結核特性に関する研究」東京理科大学修士論文、pp56、(2018)
10）小菅愛加里「2017年夏季の富士山頂におけるエアロゾルの雲粒特性」東京理科大学卒業論文、pp27、(2018)
11）IPCC2021「IPCC第6次評価報告書第1作業部会報告書、政策決定者向け要約(SPM)」https://www.data.jma.go.jp/cpdinfo/ipcc/ar6/IPCC_AR6_WG1_SPM_JP_20210901.pdf, (2021)
第6章
1）三宅泰雄「日本に降った人工放射性雨（1954年5月-7月）」天文と気象、20、1-8、1954
2）葛城幸雄『死の灰のゆくえ：放射能を追って30年』（新草出版、1986）
3）Hirose, K., Igarashi, Y., Aoyama, M., 2008. Analysis of 50 years records of atmospheric deposition of long-lived radionuclides in Japan. Applied Radiation and Isotopes 66, 1675-1678.
4）Povinec, P. P., Hirose K, Aoyama M., 2013. Fukushima Accident: Radioactivity Impact on the Environment. Elsevier, 382p.
5）Aoyama, M., Kajino, M., Tanaka, T. Y., Sekiyama, T. T., Tsumune, D., Tsubono, T., Hamajima, Y., Inomata, and Y., Gamo, T., 2016. ^{134}Cs and ^{137}Cs in the North Pacific Ocean derived from the March 2011 TEPCO Fukushima Dai-ichi Nuclear Power

Plant accident, Japan. Part two: estimation of ^{134}Cs and ^{137}Cs inventories in the North Pacific Ocean. Journal of Oceanography 72, 67-76. https://doi.10.1007/s10872-015-0332-2.

6）Hirose, K., 2013. Temporal variation of monthly ^{137}Cs deposition observed in Japan: effects of the Fukushima Dai-ichi nuclear power plant accident. Applied Radiation and Isotopes 81, 325-329. https://doi.org/10.1016/j.apradiso.2013.03.076

7）Hirose, K., 2015. Two-years trend of monthly ^{137}Cs deposition observed in Kanto and south Tohoku areas, Japan: effects of the Fukushima Dai-ichi nuclear power plant accident. Journal of Radioanalytical and Nuclear Chemistry 303, 1327-1329. https://doi 10.1007/s10967-014-3480-1

8）Yanaga, M., Oya, Y., 2013. Detection of radioactive materials from the Fukushima Dai-ichi Nuclear Power Plant accident at Shizuoka-city. Radiation Safety Management 12, 16-21.

9）Doi, T., Masumoto, K., Toyoda, A., Tanaka, A., Shibata, Y., Hirose, K., 2013. Anthropogenic radionuclides in the atmosphere observed at Tsukuba: Characteristics of the radionuclides derived from Fukushima. Journal of Environmental Radioactivity 122 (c): 55-62. https://doi:org/10.1016/j.jenvrad.2013.02.001

10）土器屋由紀子『富士山は日本で宇宙に一番近い研究と教育の空間「日本一の高所・富士山頂は宝の山」』（しずおかの文化新書 21、静岡県文化財団、2016）

11）Hirose, K., 2012. 2011 Fukushima Dai-ichi nuclear power plant accident: summary of regional radioactive deposition monitoring results. Journal of Environmental Radioactivity 111, 13-17. https://doi.org/10.1016/j.jenvrad.2011.09.003

12）Katata, G., 2014. Fogwater deposition modeling for terrestrial ecosystems: a review of developments and measurements. Journal of Geophysical Research: Atmospheres 119 (13), 8137-8159.

13）Hososhima, M., Kaneyasu, N., 2015. Altitude-dependence distribution of ambient gamma dose rates in a mountainous area of Japan caused by the Fukushima Nuclear accident. Environmental Science & Technology 49 (6), 3341-3348.

14）Yajima, K., Iwaoka, K., Yasuda, H., 2014. Radiation survey along two trials in Mt. Fuji to inventigate the radioactive contamination caused by TEPCO's Fukushima Daiichi Nuclear Plant accident. In: Radiation Monitoring and Dose Estimation of the Fukushima Nuclear Accident. Ed. Takahashi, S., Springer Open, pp. 59-66

15）Saito, T., Kurihara, Y., Koike, Y., Tanihata, I., Fujiwara, M., Sakaguchi, H., Shinohara, A. and Yamamoto, H., 2015. Altitude distribution of radioactive cesium at Fuji volcano caused by Fukushima Daiichi Nuclear Power Station accident. Journal of Radionalytical and Nuclear Chemistry. 303 (2), 1613-1615.

16）Tsuboi, T., Wada, H. and Yanaga, M., 2012. Distribution of ^{134}Cs and ^{137}Cs radioactivity of surface soil originated in the Fukushima Dai-ichi nuclear power plant accident at Shizuoka City, Japan. Radiation Safety Management 11 (1), 11-18.

17）Sanada, Y., Katata, G., Kaneyasu, N., Nakanishi, C., Urabe, Y., Nishizawa, Y., 2018. Altitudinal characteristics of atmospheric deposition of aerosols in mountainous regions: Lessons from the Fukushima Dai-ichi Nuclear Power Station accident. Science at the Total Environment 618, 881-890.

第７章

1）岩田孝仁・北村晃寿・小山真人編『静岡の大規模自然災害の科学』（静岡新聞社、2020）.
2）楠城一嘉 編『地震と火山と防災のはなし』（成山堂書店、2022）.
3）笹井洋一、上嶋 誠、歌田久司、鍵山恒臣、Zlotniki Jacques、橋本武士、高橋優志：地磁気、地電位観測から推定される三宅島火山の 2000 年活動、地学雑誌、110（2）、226-244（2001）
4）長尾年恭、鴨川 仁：地震、火山噴火予知研究と電磁気観測、日本応用磁気学会、まぐね、15（5）、264-271（2020）

執筆者一覧

第１部

第１章　佐々木一哉（ささき　かずや）弘前大学教授

コラム１～８　佐々木一哉　前掲

第２章　1.　山本正嘉（やまもと　まさよし）鹿屋体育大学教授

井出里香（いで　りか）東京都立大塚病院医長

2.1　土器屋由紀子（どきや　ゆきこ）江戸川大学名誉教授・富士山環境研究センターシニアリサーチフェロー

2.2　片山葉子（かたやま　ようこ）東京文化財研究所客員研究員

コラム９　土器屋由紀子　前掲

第３章　1.　片山葉子　前掲

2.　土器屋由紀子　前掲

3.　鴨川仁（かもがわ　まさし）静岡県立大学特任准教授

コラム　10　佐々木一哉　前掲

11　松田千夏（まつだ　ちなつ）神奈川県立川崎工科高等学校教諭

第２部

第１章　1.　佐々木一哉　前掲

2.1　小林拓（こばやし　ひろし）山梨大学准教授

2.2　米持真一（よねもち　しんいち）埼玉県環境科学国際センター　研究推進室　副室長

畠山史郎（はたけやま　しろう）アジア大気汚染研究センター所長

3.1　加藤俊吾（かとう　しゅんご）東京都立大学准教授

3.2　和田龍一（わだ　りゅういち）帝京科学大学教授

3.3　竹内政樹（たけうち　まさき）徳島大学准教授

大河内博　（おおこうち　ひろし）早稲田大学教授

3.4　大河内博　前掲

緒方裕子（おがた　ひろこ）労働安全衛生総合研究所任期付研究員

勝見尚也（かつみ　なおや）石川県立大学准教授

島田幸治郎（しまだ　こうじろう）琉球大学助教
皆巳幸也（みなみ　ゆきや）石川県立大学准教授
3.5　大河内博　前掲
緒方裕子　前掲
勝見尚也　前掲
島田幸治郎　前掲
皆巳幸也　前掲
コラム 12　大河内博　前掲
第 2 章　1.　三木健司（みき　けんじ）京都大学大学院総合生存学館
2.　村田浩太郎（むらた　こうたろう）埼玉県環境科学国際センター研究員
コラム 13　三木健司　前掲
コラム 14　三木健司　前掲
第 3 章　1.　小森孝洋（こもり　たかひろ）自治医科大学講師
2.　山本正嘉　前掲
3.　井出里香　前掲
第 4 章　1.　鈴木智幸（すずき　ともゆき）静岡県立大学客員共同研究員
鴨川仁　前掲
2.　鈴木智幸　前掲
鴨川仁　前掲
3.　安本勝（やすもと　まさる）富士山環境研究センター研究員
佐々木一哉　前掲
コラム 15　安本勝　前掲
佐々木一哉　前掲
第 5 章　1.　野村渉平（のむら　しょうへい）国立環境研究所
2.　三浦和彦（みうら　かずひこ）東京理科大学嘱託教授・富士山環境研究センターシニアリサーチフェロー
コラム 16　三浦和彦　前掲
第 6 章　廣瀬勝己（ひろせ　かつみ）富士山環境研究センター第一研究部長
土器屋由紀子　前掲
コラム 17　廣瀬勝己　前掲
佐々木一哉　前掲
第 7 章　長尾年恭（ながお　としやす）東海大学および静岡県立大学客員教授・富士山環境研究センターシニアリサーチフェロー

あとがき

2012年に『よみがえる富士山測候所2005-2011』（以下『よみがえる…』）を上梓した折、次の5年については不安で一杯でした。東日本大震災の直後で、先のわからない時代でありました。ところが、2013年に富士山がユネスコの世界文化遺産に決まると、富士山に注目が集まり、当然のように『よみがえる…』を出版した本NPOの研究グループも注目されることになりました。本来なら気象庁の富士山測候所へ行くべき質問が、一弱小NPOの私たちに殺到することになり、本NPOの事務局は一時大忙しでした。

2013年、東京（中日）新聞のコラム「紙つぶて」に半年間毎週木曜日に富士山での研究を紹介し、その結果をもとに、2014年NHKカルチャーラジオ『科学と人間・水と大気の科学－富士山頂の観測から』を担当しました。これらも『よみがえる…』がきっかけでの依頼で、本NPOの宣伝に活用し、助成金の確保など研究環境の安定にもつながったと思っています。

しかし、多くの情報が寄せられる過程で、過去の見直しも必要になりました。富士山頂の共同研究の傍ら、富士山測候所の歴史に関する同好会「芙蓉日記の会」がNPOの中にできたのは2018年です。『よみがえる…』の出版でお世話になった一般財団法人新技術振興渡辺記念会の高木喜一郎理事長の個人的なお知り合いとして、野中至・千代子夫妻のご子孫とコンタクトが取れたことから、ご夫妻に関する資料を「野中至（到）・千代子資料館」（バーチャル）に頂けることになりました。その結果、多くの新しいことがわかり、1895

年の歴史的な事実が明らかになりましたが、同時に筆者（土器屋）による『よみがえる…』のコラムで、小説を引用するという大きなミスを発見することになりました。この場を借りてお詫びを掲載させていただきます。

（お詫び）
≪p4下から9-10行目　小説『芙蓉の人』のあとがきを引用した下記の部分：
「新田（気象庁元測器課長藤原寛人氏）が岡田武松元中央気象台長（気象庁の前身）の勧めで書かれたこの本は史実に忠実である」は、不正確であり著者の不明をお詫びして割愛をお願いします。また、p4の図1-1-1の「菅原夫妻（関係不明）」は「初代富士山測候所長・菅原芳生・恭子夫妻」と分かりましたので訂正させていただきます。恭子様は野中至・千代子ご夫妻の三女です。≫

今後、芙蓉日記の会は歴史研究の基本である一次資料の大切さを学び、さらなる研鑽に努めたいと思っております。

一方、本NPOの活動を通して、第1部第2章に書いたように、世界の山岳施設と連絡が取れるようになりました。一般的に山岳研究は不便な場所で行うため、経費がかかります。したがって国などの公的な援助で活動していますが、政権の方針や時代の状況に大きく左右されます。また、コロナ禍にあって研究者の苦労は本NPOだけのものでもありません。国際集会などで知り合った研究者からこんな時に、資金難が常態になっている本NPOが、研究者たちの頑張りでつながっていることに対して、「素晴らしい！」という応援メッセージがたくさん寄せられています。

この度の出版を、本NPOの事業として行うにあたり、大気化学関係は大河内博副理事長、高所医学関係は井出里香理事、雷関係は、鴨川仁専務理事もとりまとめを担当しました。

今後、さらに新しい評価や反省点が見つかると思いますが、それは大変有難いことで、このような記録が次の世代につながり、富士山測候所のこれからにつながることを祈っております。

2022年6月

土器屋由紀子

索　　引

欧文

あ行

か行

さ行

ま行

や行

編者略歴

佐々木一哉（ささき　かずや）

弘前大学教授、博士（工学）
株式会社村田製作所、田中貴金属工業株式会社を経て、東京大学助教、東京大学准教授、東海大学准教授などを歴任
主な著書：『よみがえる富士山測候所 2005-2011』（共編著、成山堂書店、2012）など

片山葉子（かたやま　ようこ）

東京文化財研究所客員研究員、東京農工大学名誉教授、農学博士
米国国立衛生研究所客員研究員、東京農工大学大学院農学研究院教授などを歴任
主な著書：『環境毒性学』（分担執筆、朝倉書店、2011）、『微生物の地球化学』（共訳、東海大学出版部、2015）など

松田千夏（まつだ　ちなつ）

神奈川県立川崎工科高等学校総合技術科環境化学系教諭
認定NPO法人　富士山測候所を活用する会、かわさき市民アカデミー「おもしろ実験クラブ」ボランティアスタッフとして参加

土器屋由紀子（どきや　ゆきこ）

富士山環境研究センター・シニアリサーチフェロー、江戸川大学名誉教授、農学博士
東京大学助手、米国商務省客員研究員、気象庁気象研究所室長、気象大学校教授、東京農工大学教授、江戸川大学教授などを歴任
主な著書：『よみがえる富士山測候所 2005-2011』（共編著、成山堂書店、2012）、『NHKカルチャーラジオ科学と人間　水と大気の科学：富士山頂の観測から』（NHK出版、2014）など

富士山測候所《ふじさんそっこうじょ》のはなし
日本一高いところにある研究施設

定価はカバーに
表示してあります。

2022 年 7 月 28 日　初版発行

編著者　佐々木《ささき》一哉《かずや》・片山《かたやま》葉子《ようこ》・松田《まつだ》千夏《ちなつ》・土器屋《どきや》由紀子《ゆきこ》
発行者　小川　典子
印　刷　亜細亜印刷株式会社
製　本　株式会社難波製本

発行所 株式会社 成山堂書店
〒160-0012　東京都新宿区南元町 4 番 51　成山堂ビル
TEL：03-3357-5861　FAX：03-3357-5867
URL　https://www.seizando.co.jp
落丁・乱丁等はお取り替えいたしますので、小社営業チーム宛にお送り下さい。

Printed in Japan　ISBN978-4-425-51481-6